私を動かす暮らしの道具

経塚加奈子
Kanako Kyozuka

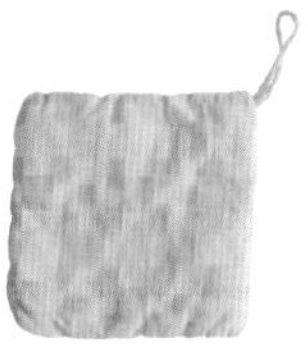

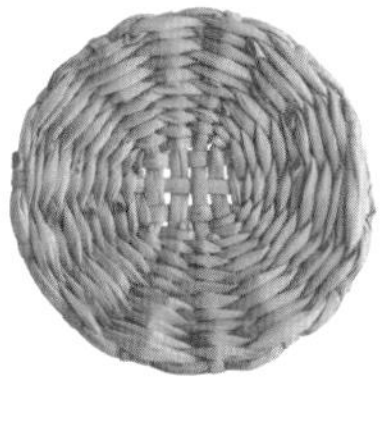

はじめに

最近、器を増やしました。

4人の子どもたちの上2人が中学生となって帰りが遅くなり、夫はさらに遅く、一方で小学生の3番目と1歳の末っ子は早寝な生活。夕飯の時間がバラバラで、いちいち洗いものをするわけではないので器が足りないのです。

こんなとき、表向きは「器を買い足さなきゃ」と使命感にあふれた顔をしますが、裏ではにんまり。あのお店で見たあれを買うときが来たのだ。あの作家さんの器を「買っていい」前提で眺めていいのだ。

家事は毎日毎日、終わることなく続くもの。そして、使う道具によって大いに助けられるものでもあります。がんばらざるを得ないことって多いから、「これ好きだな」と思える道具で少しでも楽しい気持ちになりたい。自分の気分がいいことは、家族の気分をよくすることにつながると感じます。

すぐにほしいと思っても、ものによっては数カ月、なかには1年以上手元にやってこないような道具もあります。売り切れていたり、そもそも理想の形に出会えなかったり。けれどその時間もまた、ものに対する愛情を深めてくれている。探す時間を含めて、楽しんでいるのだと思います。

若いときは、ものに対してそれほどこだわりがありませんでした。そこに売っているものから選ぶし、作家ものの器なんて存在自体知らなかったくらい。けれども年子の上3人の怒涛の幼年期が過ぎると、ポッと自分の時間が生まれました。家のなかに目が向いて、道具やインテリアの情報に触れていくようになりました。

住んでいるのは、リフォームした古い和な部屋。持っているのは、祖父から受け継いだテーブルやいす、棚などの古道具。自分の好みも相まって、今のようなわがやになりました。

実は、この本の制作中に夫の転勤で県内引っ越しをしました（詳しくは138ページ）。この本で紹介している家には、何年後かわかりませんが、いずれ帰る予定です。

自分の意見を投影させてリフォームし、好みの道具を少しずつそろえ、自分なりの居心地のよいすみかにできた家です。友人にすすめられてインスタグラムを始め、写真を投稿してみると、同じような好みの方々とたくさんつながることができました。書籍をつくることになるとは思いもよりませんでしたが、この本がみなさんの道具選びの参考に少しでもなれたなら幸いです。

4 暮らしの道具

5 日常のあれこれ

1

台所の道具

気に入っている道具は、使っているときはもちろんのこと、
置いてあるときすら目にしてうれしい気持ちになります。
大切にとっておきたいというより、家族にだってどんどん使ってほしい。
料理の経験が豊かになるほどに、自分に必要な道具、
わがやで使われる道具は何かがわかってきました。

ガラスの道具

ガラスの道具が料理の愉しさを引き上げてくれる

ガラスは、ものをきれいに見せてくれる、と使うたびに思います。洗いかごのなかで水滴がきらきらとしている様子、灯りを反射して静かに光る様子――たまらず、つい写真を撮ってしまいます。

そして見た目のよさだけではなく、実用性もある。そう感じています。プラスチックやゴムには色やにおいが移ることもあるけれど、ガラスにはそれがありません。「割れそうでこわい」印象が強いガラスですが、個人的には割れやすさや欠けやすさを感じたことはなく、むしろ陶器の方が割ってしまいがち。意識して丁寧に扱っていることもあるとは思いますが、意外と丈夫だと思います。

当然ながら透明なので、中のものや対流する様子がよく見えるのもガラスのよさ。料理の時間を楽しい気持ちにしてくれます。

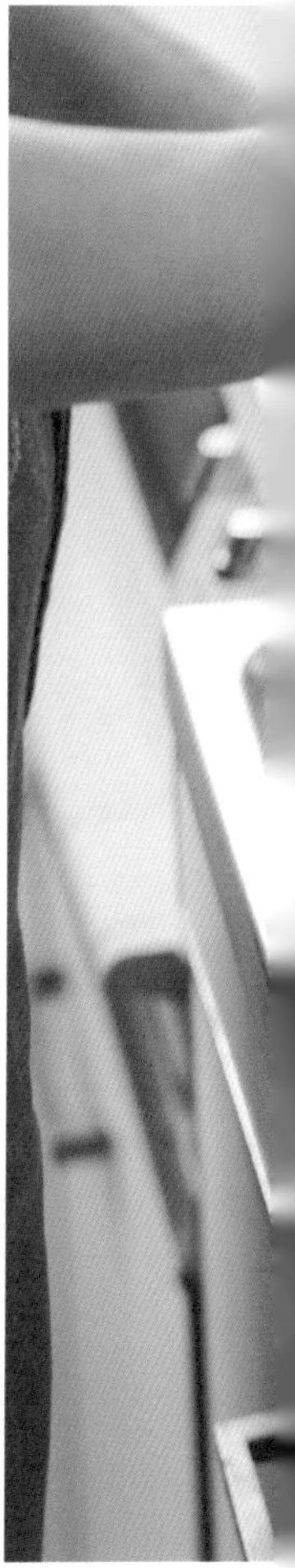

ガラス鉢

アンティーク

最初は、花をドサッと飾りたくて購入しました。今は、なかでサラダを混ぜたり、野菜を洗って水に浸けるのに使っています。ざるにあけたら、そのまま上にのせて水を切るにもいいサイズ。

ガラス漏斗

笹川健一

インスタで発見し、運よく形を選んで注文できた漏斗。棚に伏せてある姿にきゅんとします。出入り口の径がほどよく、使いやすい。手に取るたびに、使うたびにニヤニヤしてしまいます。

広口試薬瓶

小泉硝子製作所

玄米と、義母のくれたバタフライピーが入っています。瓶にあけると使いやすく、残量もわかりやすい。以前口の狭い瓶を使っていましたが、出し入れが大変で「口は広く！」と思いました。

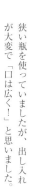

PYREX耐熱鍋

TRAM

飴色のガラス鍋はよく見たのですが、透明なのがいいなと探していました。ぽこぽこ上がる泡や、おどる野菜を眺めたい。実際使ってみると、取っ手やふたが熱くならず、熱伝導もよく、汚れ落ちもいいんです。

ガラスポット

日ノ出化学製作所

インスタを見るようになった最初の方で見つけたポットです。ほうじ茶や玄米茶、紅茶にシナモンスティックを入れておくのもはまりました。ガラスに目覚めたきっかけの一品。

空き瓶

Amazon

醤油をあけたり、つくった出汁を入れておいたり、少しだけつくった調味料を保存したり。「ガラス瓶」とAmazonで検索しました。出汁を入れやすいか、冷蔵庫に入るか、好みのデザインか、で選びました。

芋を入れても、卵をゆでても絵になるガラスの鍋。気持ちを上げてくれるうえに、具材の様子がよくわかるのは調理の助けにもなります。

ガラスのピッチャー

一番大きいピッチャーはアトリエメメ（atelier mémé）のもの。切った芋をさらしたり、ツールや花器としても多用途に使えます。半透明のものは、初代わがやのガラスピッチャー。卵を溶いて注ぐのに便利で、子どもでも危なげなく作業してくれます。自分の選んだ道具を子どもが使っているのを見るのは、至福。「それ、使いやすいでしょ」とにやにやしてしまいます。小ぶりなものは、ドレッシングをちょっとつくるのにぴったり。

茶海

とりもと硝子店

中国茶の道具で、お茶の濃さや温度を均一にするための茶海。私は急須と同じような使い方をしています。お茶だけではなく、そばつゆを入れて食卓に出すことも。

チョコポット

オルネ ド フォイユ

娘がチョコフォンデュ好きで、鍋やボウルで湯煎をするより手軽にチョコを溶かしたいと探しました。コルクを抜いてお湯を注ぐと、上に置いたチョコと混じることなく湯煎できます。

木の道具

経年で味わいを増していく木の道具

軽くて割れず扱いやすい、木の道具。そこにあるだけで、空間をやわらげ落ち着いた雰囲気にしてくれます。

以前はちゃんとお手入れができるか不安であまり手が出ませんでしたが、丸いカッティングボードをウェブで見つけて、挑戦したいという気になりました。そこには、経年で色と味わいを濃くしていくボードの様子が写真で語られていたのです。

自分もちゃんと手を入れて、木の道具を育ててみたい。自分の育てた木の道具は、どんな風に変わっていくのだろう。だいぶ色味が増しましたが、お店のウェブサイトにあった写真はもっとずっと濃かった。

毎日使いながら、時折手入れをしながら、木の質感と温かみを堪能し、未来の姿を楽しみにしています。

カッティングボード

上　一番大きい左のものは、しっかり料理をするときや、大きいものを切るときに。楕円のものは、調理台が狭いので幅の狭いまな板を探していて発見しました。あっという間に売れてしまう内山玲さんのカッティングボード、タイミングがよく購入できました。丸いものは、木のものを集めるきっかけとなった後藤睦さんのもの（wazawazaで購入）。右の正方形は、パンを切ってそのまま出したり、お弁当のあまったおかずをのせて朝の食卓へ。

下　右の2枚は、滔々というお店で買った藤崎均さんの作品。持ち手が握りやすくて、パッと取れます。持ち手があると、切ったものを鍋にザザーッと入れやすくもあります。クルミの木の質感がとてもすてき。左の小さいものは日用日で購入。チーズや生ハムを置いて朝ごはんに出したり、お茶とお菓子のトレーにしたり、鍋敷き的に使うこともあります。

a
アク取り
工房アイザワ

アイザワの商品は、どれも使いやすく丈夫で頼れる安心感があります。料理にさほど興味がなかったころはアクが出ても取る気もしなかったけれど、経験を積むうちこれは必須アイテムに。

b
米とぎ
公長齋小菅

器を探しているとき目に飛び込んできた竹の米とぎ。寒い地方に住んでいるので、なるべく冷たい水を触りたくありません。これで気楽に研いで、そのまま吊るしておくとすぐ乾きます。

c
サーバー（細）
warang wayan

大皿でおかずを出すときに、サーバーが欲しいなと探していました。チャーハンをすくったり、ヨーグルトを分けるのにもほどよい形です。

d
しゃもじ
沖原沙耶

毎日使うものだから、見た目も気に入るような、使いやすいしゃもじがいいなと思いました。これは竹の風合いがよく、ぬらせばご飯がさほどつくこともなく、切るように混ぜやすい。

e
手付き漉し
山崎大造

味噌漉しとして買いましたが、最近はもろみも一緒に食べたいので違う使い方もします。野菜やウィンナーをちょっと茹でたいとき、これに入れて鍋のふちにひっかけて。

持ち手付きトレー

TRAM

日曜日の朝、食卓にジャム類をセットしたトレイが置かれている風景が憧れでした。親せきのお宅でその景色を見たときに、いつかうちでもそれをやりたいなと。起きてきた人から、トーストに好きなものを塗って食べます。来客時にお茶を運ぶのに使ったりもします。

トレー（大・中）

小沢賢一

大きい1枚は夫もしくは私用、中3枚は上3人の子どもたち用です。トレーにひとり分ずつご飯とおかずをセットすると、食卓との往復が少なくて済むためこのシステムに。削りの跡が味わい深く、へりが低いので食べやすいトレーです。予約注文の機会に恵まれて、ゲットすることができました。

ざる

とっても優秀 日本古来の竹のざる

栗原はるみさんのショップで買った、わが家の竹ざる一代目。持ち手がついているので、吊るして干しやすい。ざるのさがった台所はなんだか落ち着きます。

以前は一般的なステンレスのざるを使っていたのですが、ヘリと金網の継ぎ目や、ワイヤーの間が洗いにくくて、洗うたびに気になっていました。竹のざるを使ってみたら、洗いやすく、乾きやすく、重ねやすい。1枚、また1枚とステンレスが竹製のざるへと変わっていきました。

思えば私の母はよくざるをもの入れとして使っていて、私にとっては見慣れた近しい道具でもあります。

毎日、切った野菜をのせたり、天ぷら敷紙を敷いて揚げ物をのせたり。水分を切る以外にもさまざまに活躍してくれています。好きなのは、切った素材がざるの上でこんもりとしている光景。剥いた皮がてんこもりになっている様子もいいものです。

丸いざる・持ち手付きざる

右の丸ざるは、楽天で「すず竹 丸ざる」と検索して見つけたもの。竹にもいろいろ種類があり、緑みがなくつるんとしているのがほしくて。左の2枚は大きさがほどよく、持ち手があって使いやすく、出番高頻度です。よく、下ごしらえで切った野菜をこんもり盛って並べたまま、昼寝から起きてきた1歳児とお散歩にいったりします。

白竹ござ目 そば椀ざる

お蕎麦屋さんで見て、「ほしい！」と探しました。蕎麦だけではなく、洗ったトマトを入れておいたり、ちょっとした洗い物を水切りするのにも便利。最初は1枚手に入れて、あとから夫婦ふたり分と買い足しました。

篠竹ざる

TRAM

左の2枚は、インターネットでほかのものを探していたときに目に飛び込んできました。見たことのない楕円形で、使ってみると茹でた麺をしっかり受けとめてくれてこぼさず、安定していてストレスを感じません。

ステンレスざる

鳥井金網工芸

憧れの、鳥井金網さんのざる。インスタで見てDMを送り、見落とされないようにメールも送り、粘り強く時間をかけて手に入れました。高台や余計なワイヤーがなく、洗いやすく持ちやすくの機能美を感じます。

陶器の穴あきボウル

アンティーク

アンティークにはまっていたころに発見。陶器で、白くて、ここまできれいなものはなかなかありません。ずっと探してた！と飛びつき、数分で完売となりがちな勝負で勝つことができました。こんな時は運命を感じてしまいます。

鍋

大きな鍋は、汎用性が大事

鍋は大きいので、「何に使えるか」「どこにしまうか」をよくよく考えてから買うようにしています。私の性格上、棚の奥の方に入ると使わなくなってしまう。あまり数は置けないので、汎用性の高いものをと意識しています。

素材は、洗いやすくてすぐに乾き、丈夫で長持ちするステンレス製が多め。いつかケアする時間の余裕ができたら、鉄鍋にも挑戦したいと思っています。

ごはん炊き鍋 十場あすか

インスタでずっと見ていて、DMで購入を希望し、3～4カ月を待ってようやくわがやにやってきました。この、フォルム。吹きこぼれることなく、火加減いらずで中火のまま20分で炊ける気軽さ。ふたを開けた瞬間の、お米の光が違います。

段付き鍋 WESTSIDE33

十場さんの土鍋が来る前は、この鍋で炊飯していました。土鍋より洗いやすいので、手軽に少量炊きたいときなどはこちらを使います。煮物をつくるのにもほどよい。

雪平鍋 中村銅器製作所

雪平鍋は母がよく使っている鍋でした。18㎝の小ぶりなものですが、ひとつあるとなんだか安心。しっかりしたつくりでそこそこ重量感があり、空でも五徳の上で安定します。離乳食やちょっとした煮物に。

無水鍋24㎝ HAL

カレーをつくったり、おでんを煮たり。わが家のカレーは6人分の量もほしいので、無水鍋とはいえ水は入れます。味がじっくりと、染みわたってくれる気がします。

スチーマー 工房アイザワ

せいろは乾きにくくて梅雨時などは使いにくいので、管理のしやすいこちらの蒸し器を使っています。大根や芋を蒸しておくと、スープやおでん、離乳食にパッと使えて便利です。

ミルクパンとコーヒーサーバー

STORAGE MERCANTILEのミルクパンは、牛乳やスープを温めるのにもぴったりですが、私はこれで揚げ物をします。小鍋で揚げ物、という絵柄に憧れが。油をたくさん余らせずに済むのもよいところです。富貴堂のコーヒーサーバーは、銅を打った質感にぐっときて一目ぼれ。コーヒーを落としたり、たれを少量つくったりするときに活躍します。

ハムエッグパンとアルミフライパン

アルミフライパンは永島義教さんの作品です。軽くてテフロン加工で、調理も管理もラク。アルミは気楽で見た目も軽やかです。ハムエッグパンは中尾アルミ製作所の15㎝のもの。以前は１００均の同サイズを使っていましたが、傾くしはげるし。本で知って導入したところ、きれいに焼けて、柄の短いフォルムがかわいい。

鍋敷きいろいろ

**長細いカウンターテーブルに
鍋敷きを並べて、鍋やオーブンから
出した皿を置いていきます。
「この鍋の下から少し角がのぞく
このコースターがよき」
「あのポットにはこれがぴったり」など、
ひそかにあるのです。**

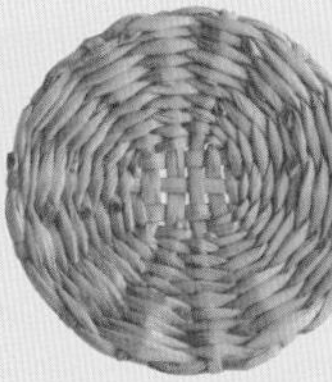

CINQで買ったい草のマット。ポルトガルの田舎町で、職人さんが編んでいるのだそう。

CINQで買った毛糸でできたコースター。燃えないように、ティーポットなどに。

笑竹堂の竹素材コースター。ヘリが立体的に編まれていて、ガラスポットがスポッと安定。

藤崎均さんのウォールナット製。土鍋を置いても焦げない丈夫さとフォルムが好きです。

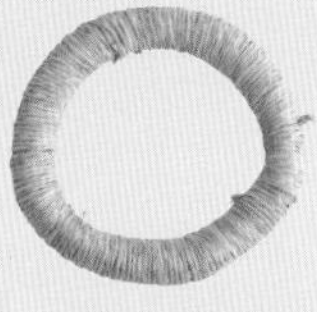

どこかの雑貨屋さんで見つけた、東南アジアのどこかの麻縄を巻いたもの。軽くてよい。

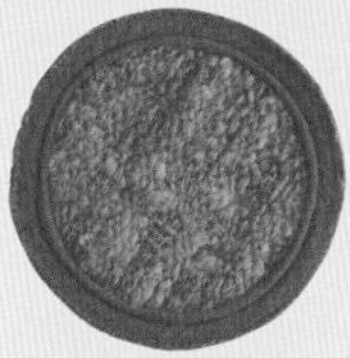

Suno&Morrisonのシルク（野蚕）製ポットマット。裏側が青色の生地できれいです。

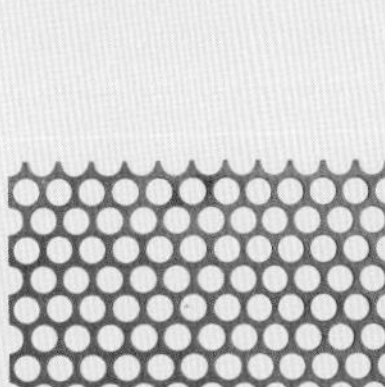

雑貨屋で母が買ったHacoaの木製。かわいかったのでいただきました。

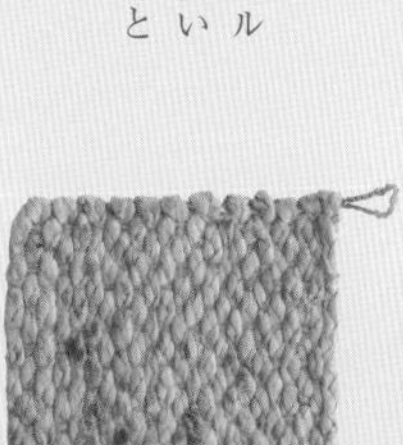

Suno&Morrisonのポットマット。水草の茎でつくられ、丈夫で柔らかい。

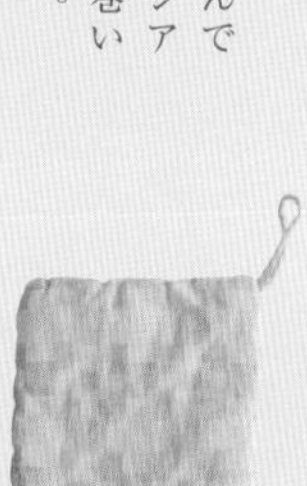

いつからかそこにいた布製のコースター。布系は、水滴が垂れるものにグッド。

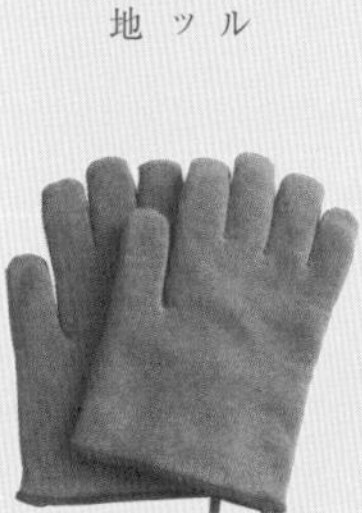

中川政七商店「燃えない繊維で作った鍋つかみ」。指が分かれているのでしっかり持てます。

調理道具

要領の悪い私を助けてくれる扱いやすい調理道具

私は要領が悪いので、道具にいろいろと助けてもらっています。手順通りに、バットを並べて、ボウルを使って、道具も場所も大いに使う私の調理。

そんな道具を選ぶときに考えるのは、見た目が好きか、軽くて扱いやすいか、棚や引き出しのなかに置いたときに違和感なく場になじむか。そして大切なのが、本当に使うか、しまうスペースはあるかということ。

インスタで目にする道具やテーブルウェアの情報は、魅力的なものばかり。料理が好きなので「使ってみたい」と感じる道具が多いのですが、徐々に自分のなかにできてきた掟に当てはまらないときは仕方がないとあきらめます。

琺瑯ボウル

カイ・フランク

地震でガラスのボウルを割ってしまったのですが、琺瑯はそこまで繊細ではなく扱いやすい。アルミほど軽くはないので、中身を混ぜるときにも安定しています。深さがあるものは、こどもが和えても中身をこぼさず安心。ヴィンテージの調理器具のなかでも人気が高く、なかなか探せないので購入できたのは幸いでした。こまめにネットのアンティークショップ巡りをしていた成果です。

アルミバット

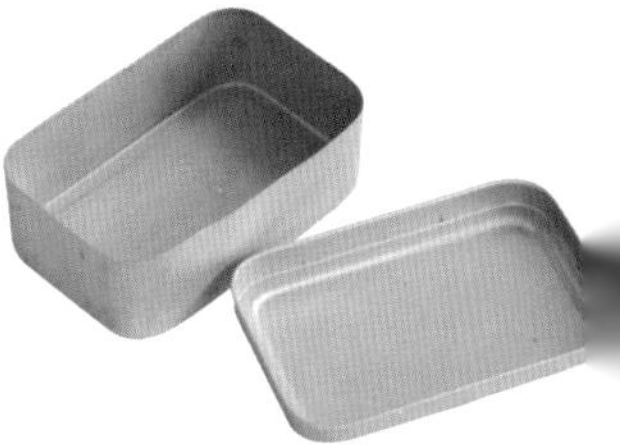

右の2つは実は古道具のお弁当箱とそのふた。深い方は卵液や量多めのパン粉を入れるのに便利です。一番左の大きいものも、古道具のカンの蓋。広いので、包んだ餃子を並べるときに活躍しています。どれもサイズが違うので、大きさで使い分け、しまうときは重ねています。

琺瑯バット

小さい方は、野田琺瑯のキャビネサイズ。琺瑯はにおいや汚れがつきにくく、直火やオーブンにかけられるのがいいところ。大きい方はいつかどこかのお店で買ったノーブランドのものです。

ステンレス角バット、角ざる

ラバーゼ

有元葉子さんが〝揚げ物のため〟にデザイン。網がへこまず丈夫で、大量に揚げたときも行き場に困らず安心です。しっかり油がきれて使い心地がよいので、もう一組ほしいなと思っています。

包丁・ナイフ

右から、タダフサの包丁。ねぎをきれいに切れるのでお味噌汁がおいしくなりました。隣は高橋鍛冶屋の万能包丁。錆びた感じは最初からで、持ち手がつかみやすい形状で気軽に使えます。真ん中の「ＧＥＲＭＡＮ ＭＵＬＴＩ ＫＮＩＦＥ」で果物を切ります。先端が丸いので食卓で用いやすい。左から2番目は、ジャン・デュボの卓上ナイフ。左は竹俣勇壱さんのステーキ用のナイフで、いつかは家族全員分を……と夢見ています。デザインの妙。

a
おろし器

にんにくやしょうがをちょっとするのにぴったりのサイズ感。下は、かもしか道具店の「しょうがのおろし器」で、繊維が口に入らないおろしを作れます。

b
チェリーストーナー

遠藤商事

さくらんぼの産地に住んでいるので、食べる機会は多いと思います。娘がお菓子作りをするとき、種を抜くのにとても便利。私はシロップ漬けづくりで使用します。

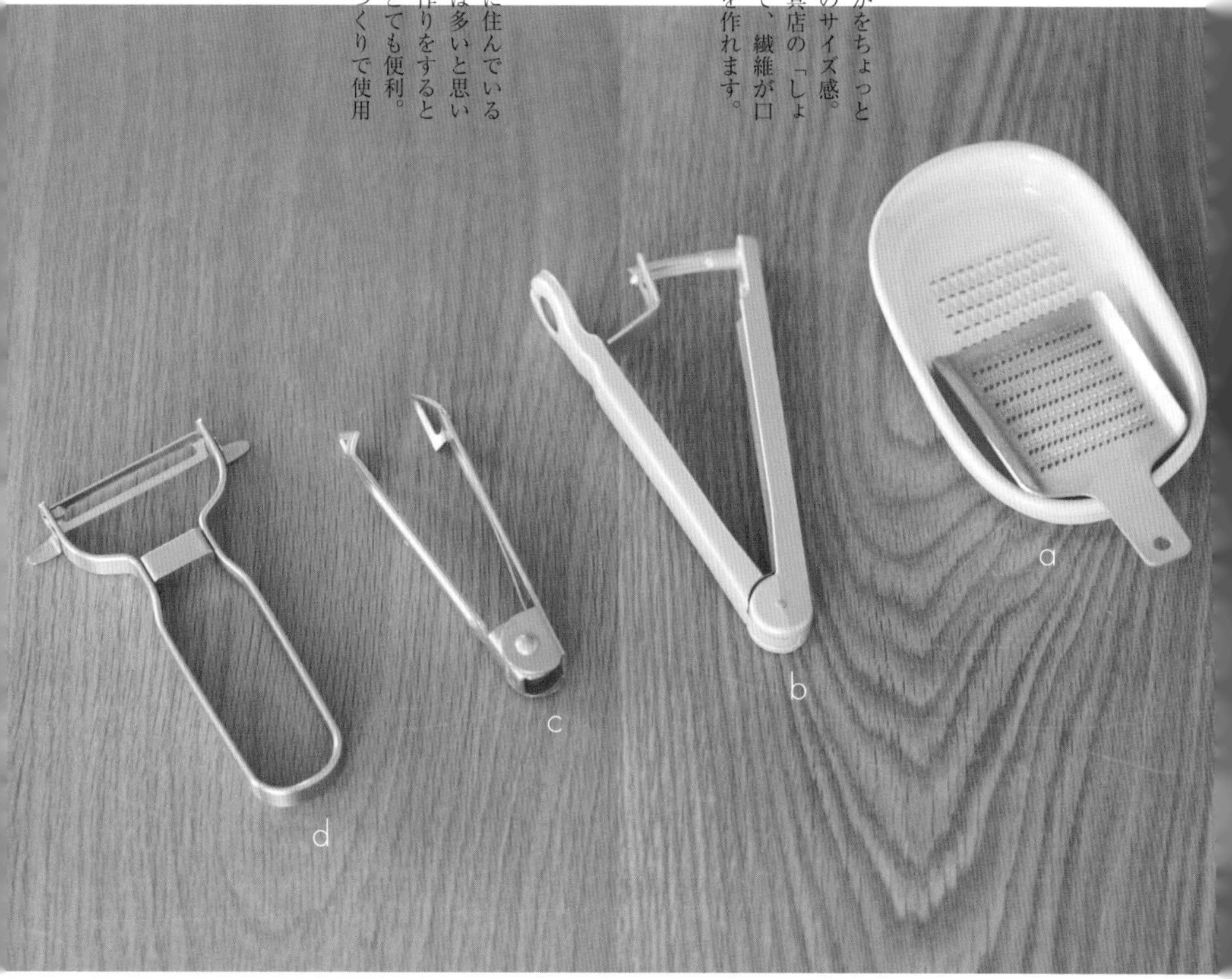

c
銀の爪

工房緑林舎

魚の骨を取ったり、じゃがいもの芽を取ったり。刃先が素材をがっちりつまんでくれるので、焼きナスやイカなどの皮むきにもいいそうです。

d
ピーラー

パール金属

使うとなぜか負傷するピーラーは、私は苦手です。これは娘がほしいと言って購入したもの。ステンレス製でシンプル、が決め手です。

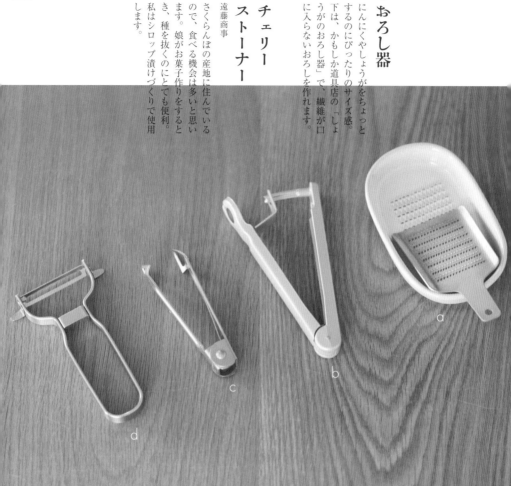

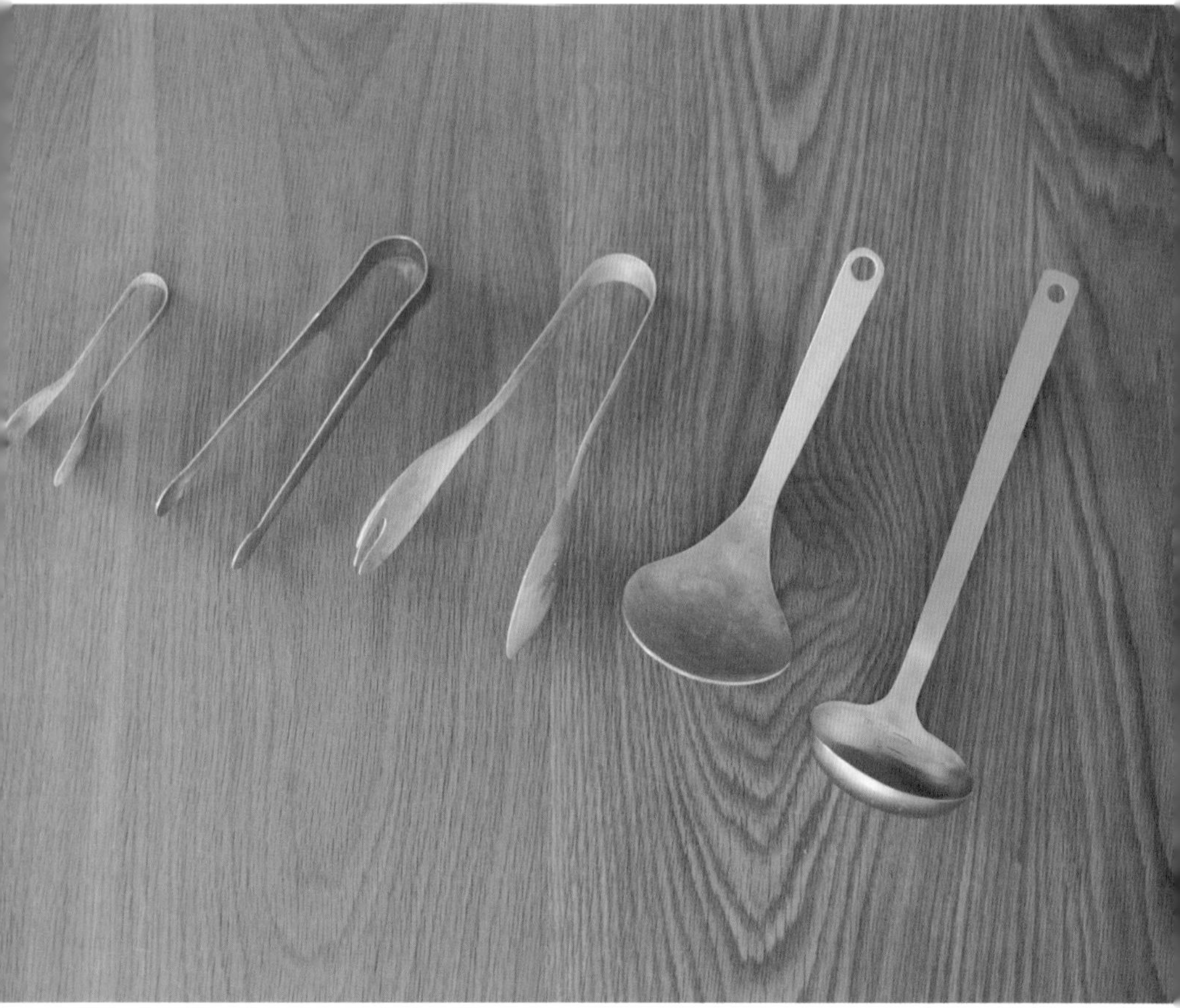

お玉

一番右は無印良品、汁物をよそうときに使います。その隣は、杣上工芸舎のもので、おかずをよそったり、食卓で大皿から取り分けるのに。ステンレスを打った質感が美しく、大皿に添えるとおかずがおいしそうに見えてきます。

トング

左は杣上工芸舎の薬味トング。隣はJonas（ヨナス）の、スウェーデンではメジャーな先の丸い小さなトング。3つ持っていて、フライづくりのバットひとつずつにつけます。その右は、これも杣上工芸舎の片方がフォークになっているトング。サラダを分けたり。

その他

持ち手付きの計量カップは、ビンテージです。目盛りも透明で、プリントではなくガラスのところがきれい。注ぎ口が3つあって角度を問わず便利です。大きい計量カップはＨＡＲＩＯの５００㎖。炊飯のときに使います。刷毛はとくにどこのということもなく、鶏肉に油を塗ったり、たこ焼きで使ったり。タイマーはＢＲＵＮＯ（廃版）。タイマーや計量カップ、漏斗は使う機会も多いので、デザインのよいもの、ぐっとくるものを今も探し中です。粉ふるいはどこのかわかりませんが、油をこすのに使っています。

洗い物の道具

好きなのは、洗い物が盛られたかごの佇まい

以前は食洗器を使っていましたが、子どもたちが大きくなり、食器の量も増えて入り切らなくなったことと、小学校に上がり洗う時間ができたこともあり、水切りかごを使うように。

洗い物が終わった後、かごのなかでシン…と収まっている器たちの様子が好きです。水滴が輝いてきれいで、絶妙のバランスで山を成して。

この景色のためにも、水切りかごはあれこれ考えました。まずは水受けのない、シンプルなもの。水受けがぬめったり、洗ったりの手間が面倒だなと感じていました。あれこれ探して、ようやく「日用日」さんで水受けのないステンレス製のかごを発見。その後も「これは！」を見つけて3つまで増やし、洗う量によって使い分けを楽しんでいます。

水切りバスケット（廃番）

日用日

水受けがなくても、シンクがななめなので問題ありません。コンパクトで使い勝手がよく、洗い物の少ない朝などに重宝します。錆びず、手入れしやすく、丈夫で重宝しています。

竹編みの四角い水切りかご

キノネ工房

天然素材で水に濡れるものは管理が難しそうですが、こちらは使った後サッと拭いて吊るしておけばカビることもありません。実は先代の竹製水切り籠は、足が編んであり拭ききれなかったのか、カビさせてしまいました。

手編み水切りカゴ 丸型

鳥井金網工芸

インスタでほかの方が使っているのを見て、いいなあ……と1～2年。京都の木と根さんがコラボされていて、特注することができました。憧れていたので、うれしかったです。こちらもお手入れがとてもラク。上2つの間くらいの大きさです。

たわし、スポンジ

右は、近所の方が京都土産でくれた内藤商店の棕櫚棒たわし。柔らかいのにこしがあり、鍋でもフライパンでもこれでごしごしきれいにできます。隣は地元の雑貨屋で買ったブラシで、根菜の泥落とし に使っています。持ち手があってこすりやすい。ドーナツのような亀の子だわしは、こびりついた米粒でも力強く落としてくれて重宝。左は、マーナのPOCOキッチンスポンジ。丈夫でとても長持ち。吸盤ホルダーにはめてシンク内に置くこともできます。私は吸盤を洗うのが嫌なので、かごに。四角より丸い方が好きです。

カウンタークロス

クレシア

以前は台ふきんを使っていましたが、1日中濡れているのが衛生的に気になり、思い切って使い捨てのクロスに変えました。1日使って、最後はシンクや調理台、テーブルカウンター、ガスコンロを拭き上げ、床まで拭いてポイ。水切れがよく、拭き後が残らないのもいいところ。ストックを、ガラスのデシケーターに入れています。

隣に立っているのは和晒ロールの「ささささ」。野菜を包んだり、水を切ったり。キッチンペーパーはすぐごみになってしまうけど、さささは何度も使えます。私の特性と、ものの特性と。使い捨てたり、捨てなかったり。

ふきん

万能選手なびわこふきん

びわこふきんは最初、「食器をお湯だけで洗える」と聞いて買ってみました。子どもたちが大きくなり、洗い物の量が増えて、洗剤が減るのが早いと感じたためです。環境的に大丈夫だろうか、洗剤を使わない方法はないだろうか、と思ってのことでした。

ずっと使っていましたが、末っ子が生まれて「丁寧に皿洗いする時間がない！」となり今は洗剤とスポンジですばやさ重視の食器洗い。びわこふきんは手拭き用として冷蔵庫にかけ、またフェイスタオルとして洗面所で活用。吸水がよく、すぐに乾くのでタオルとしてもとても快適です。1日1枚ずつ使用し、朝、琺瑯のボウルで煮沸しています。色がくすんできたら、酸素系漂白剤を入れてぐつぐつ5分。

アクリルたわしも洗剤いらずですが、油汚れに強いのはなんといってもびわこふきん。末っ子がもう少し育って時間に余裕が出たら、また食器洗いに使いたいと思っています。

お手入れ

お手入れも、取り掛かってみればまた楽し

天然素材そのものの道具は、劣化を防ぐ加工がないためお手入れが必要です。菌にも居心地がよいのかカビが生えることもありますし、あぶらが抜けて乾燥すると白茶けてしまう。だからちょこちょこ、お世話をします。竹のものはオイルは塗らず、使うたびしっかり乾かします。水草で編まれたかごなどは、時折かげ干し。

木のものは、クルミオイルやみつろうオイルを数カ月に一度塗り込みます。本当は1カ月に一度やりたいところですが、ついうっかり、白くなってきたのを見てあわてて手を入れる感じです。末っ子が昼寝しているときか、夜寝た後、テーブルカウンターにカッティングボードなどの木の道具を並べてお手入れ開始です。かたわらには、お茶を置いて。

木の肌にオイルを塗っているときは、無心になれるし、少し楽しくもある。つやが出てくるとうれしいし、使うときにも満足です。手を入れることで、道具への愛情がより増していくのを感じます。

お茶とコーヒー

お茶でちょこちょこ、ホッと息継ぎ

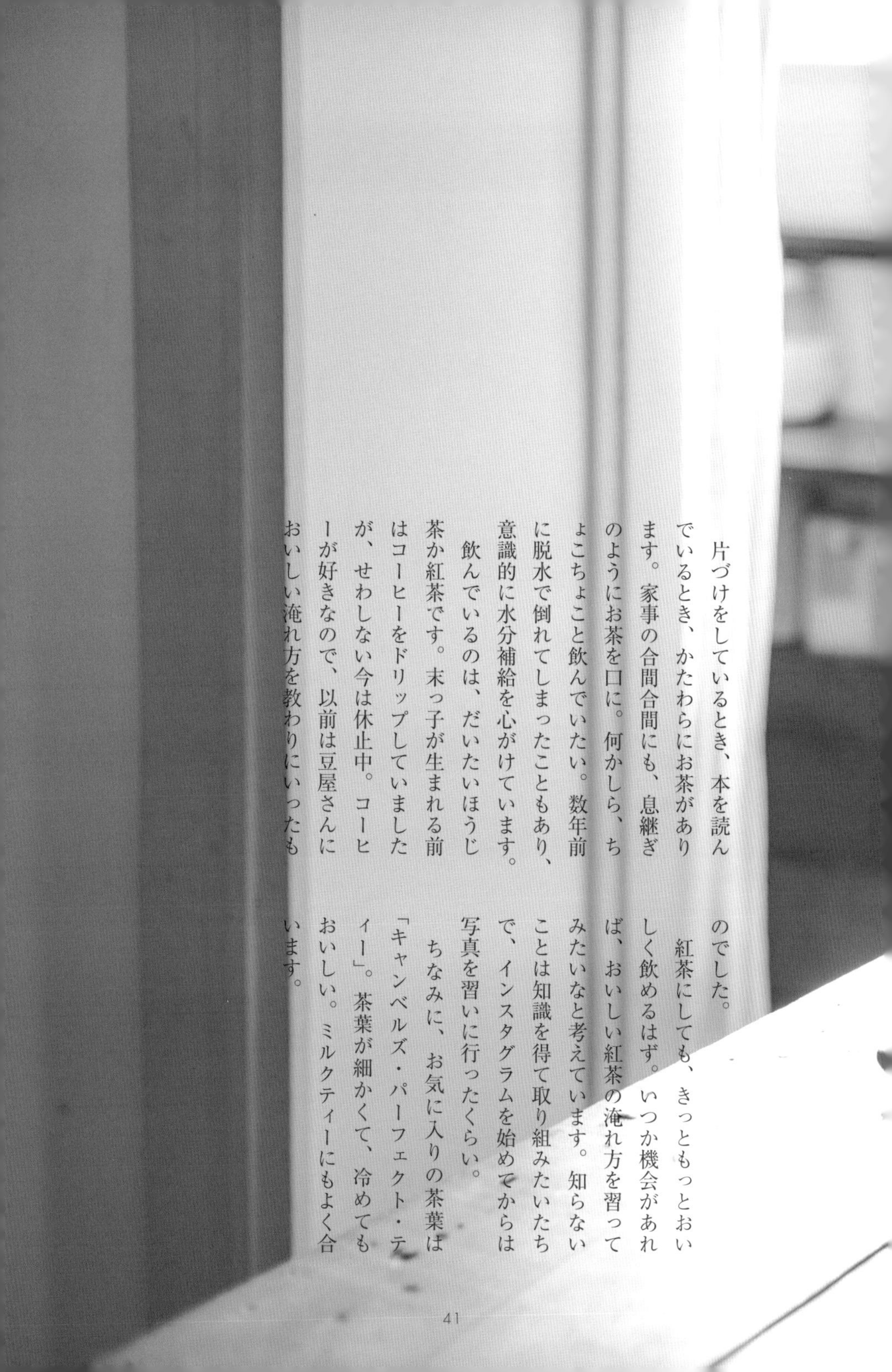

片づけをしているとき、本を読んでいるとき、かたわらにお茶があります。家事の合間合間にも、息継ぎのようにお茶を口に。何かしら、ちょこちょこと飲んでいたい。数年前に脱水で倒れてしまったこともあり、意識的に水分補給を心がけています。

飲んでいるのは、だいたいほうじ茶か紅茶です。末っ子が生まれる前はコーヒーをドリップしていましたが、せわしない今は休止中。コーヒーが好きなので、以前は豆屋さんにおいしい淹れ方を教わりにいったものでした。

紅茶にしても、きっともっとおいしく飲めるはず。いつか機会があれば、おいしい紅茶の淹れ方を習ってみたいなと考えています。知らないことは知識を得て取り組みたいたちで、インスタグラムを始めてからは写真を習いに行ったくらい。

ちなみに、お気に入りの茶葉は「キャンベルズ・パーフェクト・ティー」。茶葉が細かくて、冷めてもおいしい。ミルクティーにもよく合います。

ガラスのポット

ティーポットは見た目で選んでしまいます。なかでもガラスのものはとくに。茶葉がおどるのを見るのが楽しいし、濃さの調整もしやすいと感じます。ガラスなら、茶渋がつきにくいというよさも。きれいに保つために、注ぎ口は細いブラシで洗います。右の丸い大ぶりなポットは、日用日で。まん中はgris sourisで。茶こしがついていて便利です。左はKINTOで、コルクキャップのかわいらしさに惹かれて。

陶器のピッチャー

これで麦茶を水出ししたり、コーヒーを落としたり。ときに、そばつゆをまとめてつくって食卓にどんと出すこともあります。最初は、ここに花を飾ろうかなと考えて購入しました。右は、和田麻美子さんの作品。左は、馬酔木誠さん。しっかりと重みがあり、今はツール立てにしています。

ガラスコーヒーポット

とりもと硝子店

ふたがあるので冷めにくい。コーヒーをドリップしていた時代には大活躍でした。今はお茶や水を入れて食卓に。一目見たときからほしくてほしくて、でもなかなか買えなくて。ようやく注文できて、何カ月も待って、ようやく家にやってきました。何を入れてもうれしい。

やかん

右は、工房アイザワ「ブラックピーマン」の別注品で持ち手が木になっています。この理想のやかんに出会うまで1年。再入荷の知らせを待つのに1年。夫からは「今年もやかんないの」なんて言われていましたが、ようやく購入できました。左は月兎印のケトル。コーヒーやミルク用のお湯を沸かすときに使います。

茶こし

引き出しに入っている竹製の茶こしは松野屋のもの。大きい方は人数が多い時に。小さい方は両側に持ち手があって器を選びません。ステンレス製の右側はIKEA。インスタ友が載せているのを見て「いい！」とこれだけを買いに走りました。隣は燕三条の茶こしで、網目が細かく、持ち手がゆるくカーブしていて持ちやすい。奥はCINQのもの。受け皿があると小皿を出してこなくていいので便利ですね。今日のお茶にはどれを使おうかなと、選ぶのもまた楽しいです。

2

台所のつくり方

台所は、家のなかで一番の「私の場所」。
目に入る景色が、しっくりとなじむところであってほしい。
そこに置くお気に入りのものには、
とくべつ感より使いやすさや
目に入ったときの心地のよさを求めています。

収納

台所のかなめは、古道具の作業台にあり

調理台が狭いので、以前からカウンターテーブルを置いていました。ただ、以前の一般的な調理台兼食器棚は、場所に対して大きすぎました。収納量が大きく、つい器も増えがちに。

その後発見したのが、古道具屋で見つけたこの「作業台」。とくに台所用ではなく、細身で長いのがこの台所にはぴったり。家具屋さんにお願いして、古材の板をはってもらい下段の棚板としました。

上　ステンレスやアルミのツール、ざる。ラップやホイルにジップ袋。子どもたちがここでちょっと食べるときのためのカトラリーなど。オープン収納はサッと取れてとてもラクです。
下　祖父の使っていた棚の引き出しを3つ拝借して、下に入れ込んでいます。左から、ガラス容器、ごみ袋、鍋つかみ（中川政七商店）の収納に。

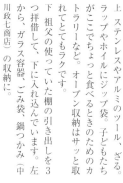

収納

台所の、棚のはなし

もともと部屋に備えつけられていた棚で、ガラスの扉がついていました。器がよく見えるように扉は外して。ふだん使う茶碗や皿、カップやグラスなどはここに置いてあります。

飾り棚として古道具のＦＵＮＮＥＬで購入しました。食器棚ほど奥行きがなくて動線をじゃませず、窓にかぶらない高さで台にもなります。木の素材が多いので、ここには黒を置いて引き締めたいと考えました。

子どもがいるほど水筒は増えます。伏せて水を切った後は、上を向けて中に残った水分を飛ばします。かさばるのでざっくりかごに放り込んで床置き。

棚のなかで、器が重なっているのを見るのが好きです。だから、食器はおもにオープン収納。この器とあの器の重なりがよい、あれとそれは合わない、など自分のなかだけのこだわりがあります。

シンク台のすぐ横に置いているのは、京都の古家具「やっほ」さんで見つけた棚（右ページ）。棚板を動かせない昔のもので、機能の面では市販品に劣るかもしれません。けれどもこの落ち着いた風合いが古家具のいいところ。棚の間に高さがあるので、大きいものや高さのあるものでも入って重宝しています。

新たに棚を導入するときに考えるのは、「何を入れるか」「入れたいものが取りやすく入るか」「上面が台にもなるか」など。大きいものだけに、よく検討するようにしています。

収納

調理台周りの収納と、心がけとか

シンクの上は、扉を取ってオープン収納にしました。扉で隠れると何があるのか忘れてしまううえ、ついものを詰め込んでしまいがち。扉がなければこまめに手を入れられるし、道具が見えることで使う機会を増やせます。

シンクの下は、扉に壁紙と同じ白いクロスを貼り、楽天で見つけた真鍮の取っ手につけ変えました。一気に目に入る情報量が減って、空間が落ち着いたように思います。

昔ながらの調理台は、ステンレスと壁の間に1つ段差があるのがありがたい。塩コショウや、味見に使う豆皿、時計などを置いて調理に貢献してもらっています。調理台が小さいこともあり、出しっぱなしにするのは段の上だけに。汚れるたびにサッと拭ける調理台を心掛けています。

下の段に入っているものが、使用頻度の高いもの。手を伸ばせば届きます。塩つぼや、蒸し器、かごのなかには掃除用品。上の段のものを取るときは、台所に置いてある小さな踏み台を使います。

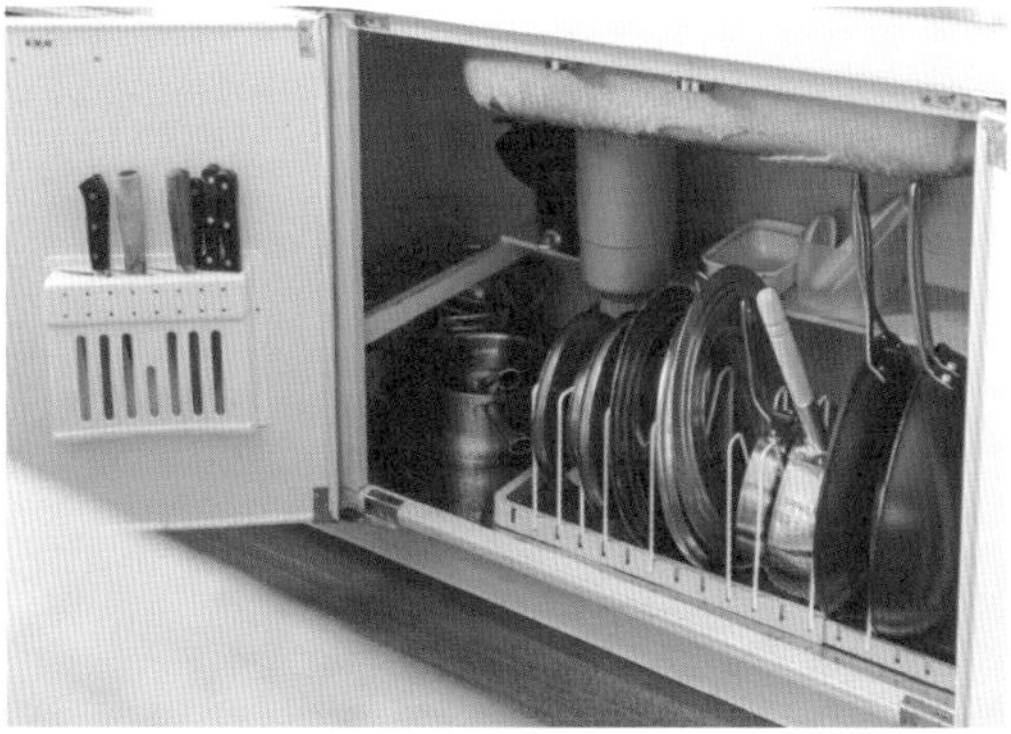

なんの変哲もない鍋収納ではありますが…。以前はかごを入れ込んでフライパンや鍋を収めていました。重なるので下のものが見えず、取りにくく、かごが削れてしまうので撤去。今の方法に。

長いものはツール立てに立てていますが、そのほかの細かいツールは引き出しに。形状ごとにわけて、お菓子の入っていたかごや弁当箱の蓋などで仕切っています。百均のケースも利用。

収納

丈夫でかわいい日本の市場かご

かごを集め始めたのは、およそ10年前。この家に引っ越してきてからです。昭和の雰囲気が濃厚に漂うこの家には、日本のかごが似合うから。

振り返ってみると、実家にはたくさんのかごがありました。生活のものを入れて置いてあったり、吊るしてあったり。自然と、収納用品として選択肢に入ってきた気がします。にぎやかなデザインのパッケージも、かごに入れれば隠れてスッキリ。

日本のかごは、丈夫で扱いやすいと感じます。好みのデザインのかごが出ると買いたくなるけれど、今はがまん……もしダメになったら新しく買おうと思うのですが、なにせ丈夫でダメになりません。

市場かご

古道具の「こころね」で購入。サイズが大きくて粉ものストックをたくさん入れておけます。持ち手が倒れるタイプは、棚のスペースを効率的に活用できます。

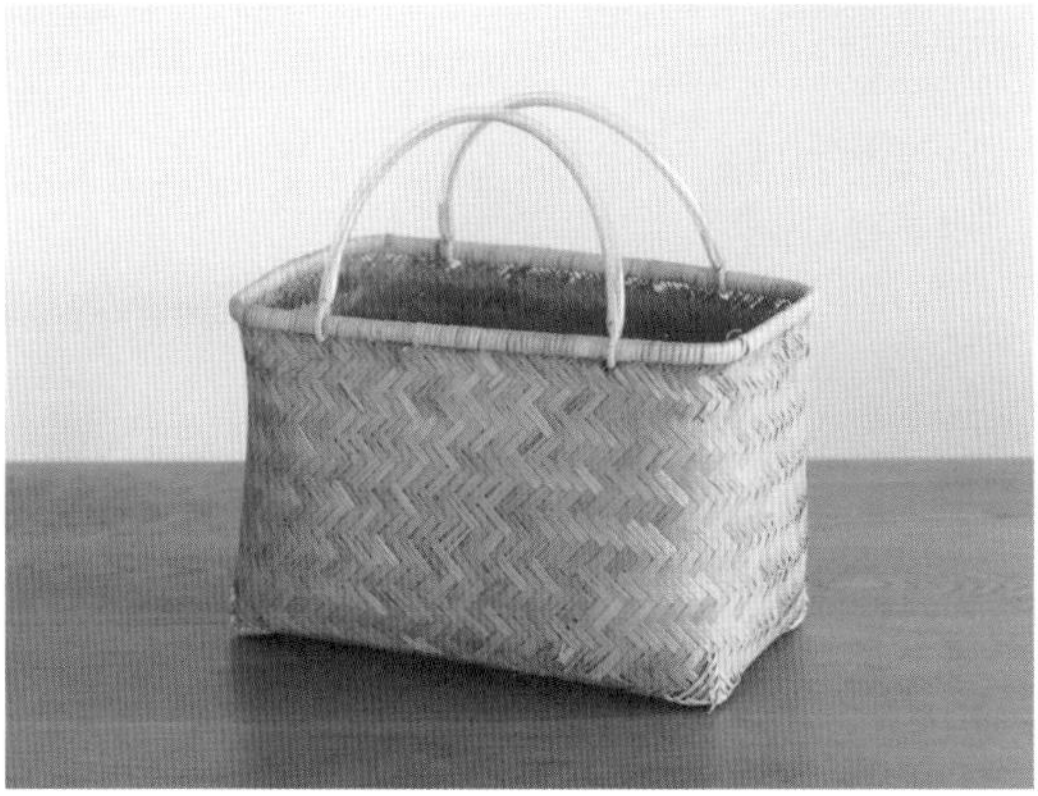

どこかの古道具屋で見つけた市場かご。時を経たいい味が出ていて、落ち着いた色合いに惹かれました。のりやレトルト食品をまとめています。

ストロー素材の横長かご。楽天で検索して購入しました。ルーのストックを入れたり、長さをいかして麺やラップの買い置きを収めたり。

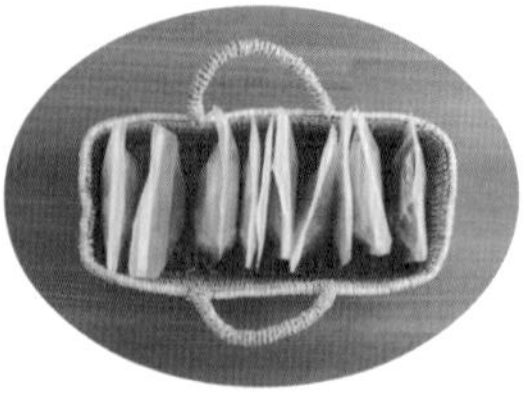

楽天で買ったストロー素材の横長かごの、少し短いものです。上の子たちが小さい頃は、これにおむつセットを入れて。あちこち移動させやすくて便利でした。今は乾物収納に。

山崎大造さんの六ツ目つぶしバッグ。角の丸さ、持ち手の皮などぐっとくるポイントだらけ。使い終わった油を入れる用の空き牛乳パックをここにストックしています。

実家にあったびく。いつもカーテンのふさかけ金具にぶらさがっていて、ヘアブラシが入っていました。今はうちで、排水溝の網のストック入れになっています。台所に吊るして。

吊るすもの

末草さんのストックバッグ（小）。野菜をここで乾燥させて干し野菜をつくったり、ドライフラワーづくりにも。

水切りかごをシンク横に置きっぱなしにすると、大きくて場所をとるし、底の水分が気になります。サッと拭いて冷蔵庫の側面に。

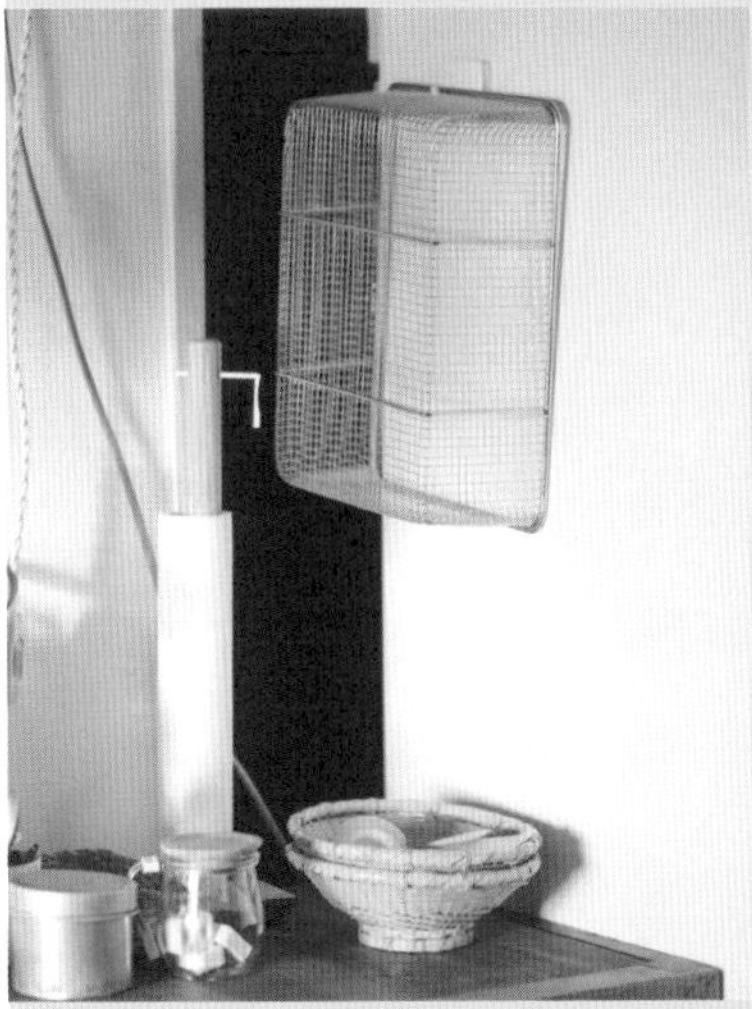

手付き竹編みかご。お弁当箱や保存容器は洗ったあと乾きにくいので、風通りのよいところに風通しのよいかごを吊るして、その中に。

乾きやすく取りやすい吊るし収納は、風の通り道で揺れる様も心地いい

定位置を「吊るし」にするよさは、なんといっても濡れたものが乾きやすいということ。省スペースだし、扉を開けたりする必要がなく、取るのもラクです。でも実は、吊るしたときにピタッと止まってしまうものは吊るしたくない気持ちがあります。例えば、ハケとか。壁にピタッとくっついてしまう感じは好きではありません。空気と一緒に少し揺れるようなものの風景に、心地よさを感じているようです。

収納

ツール立てにすると、つぼをいつでも愛でられる

お玉などのツールをコンロ周りに吊るしてみようかなと考えたこともあったのですが、場所もないし、換気扇が古いので油汚れが気になりました。そこで以前なにかの本で見た、「つぼにツールを立てる」をやってみたいと思い立ちました。

コンロに近いオーブンの上に置いてあるのは、使用頻度の高いツール。棚の上には、ちょっと専門性のあるツールが置かれています。素材と背の高さで分けて、ガラスの花器には木のもの、陶器にはステンレスのものなど組み合わせを楽しんでいます。

つぼ

Awabi ware

最初に買った、マットな質感がお気に入りのつぼです。つぼを探したのは初めてだったので、なかなか気に入るものが見つからず、これにたどり着くまで1カ月かかりました。

ピッチャー

八木橋昇

少し緑がかった色味で、隣のAwabi wareのものと並べたら素敵と感じました。結局並べたりはせず、ひとつで花を入れて楽しみ、今は棚の上のメインツール立てとなっています。

つぼ

八木橋昇

シンプルで美しい粉ひきの白いつぼ。自然な質感がすてきです。実は箸を探しているときに目に入ったもので、ハッと惹かれてサイズを確認。ツール立てにぴったりと感じ、うれしく購入しました。

耐熱ピッチャー

十場あすか

直火にかけることができ、これで炊くおかゆはとてもおいしいです。パンをつくるときに牛乳を温めたりも。ごはん用の土鍋と同じ作家さんで、温かみのあるフォルムが好きです。

塩つぼ

左から、加藤祥孝さんの塩つぼ（中身は塩）、角田淳さんの白磁味噌つぼ（梅干し）、境道一さんの塩つぼ（てんさい糖）、中川政七商店の塩つぼ（砂糖）です。加藤さんのつぼは、ずっとほしくてようやく買えたものなので、ちょっといい塩を入れています。吸湿性に優れたつぼは、塩も砂糖も固まることなくさらさらに保てて快適。以前はプラスチック製の砂糖入れを使っていましたが、親指で持ち上げるふたのシステムが苦手でほかの方法を探っていました。梅干しは亡くなったおばあちゃん作で娘のお気に入り。ここから、大事に大事に食べています。

まな板立て

森永よし子

栃木県・黒磯のSOMA JAPONで、本立てとして展示されていました。こんなまな板やお皿を立てるツールを探していたときでした。軽いのに安定感があって、まな板や耐熱皿を乾かすのにぴったり。手作りの風合いも好きポイントです。

ガラス瓶

左はantiquenaraで購入したアンティークのガラス瓶で、ウエスを入れています。以前はレモンなどの果物を入れて、実用と「眺める」を兼ねていました。ウエスも入れる色は限定して。右は地元で買った古道具で、米びつとして使っています。お米は冬場はここ、夏場は虫が怖いのでペットボトルに入れて冷蔵庫へ。

台所のリフォーム

**台所リフォームの一番の肝だったタイル選び。
カタログで悩んで、
サンプルをもらってまた悩んで……。
シンク下収納の扉に白い壁紙を貼ったのも、
タイルが映えるようにと思ってのことでした。**

床に貼っても壁に貼ってもいいタイプのハニカムタイル

めざしたのは、夕日になじむ台所

この家は、もとは2階建ての小さなアパートでした。1階に2室、2階に2室。それをリフォームして1階全体を両親の家、2階全体を私たち家族の家としたのです。

　キッチン正面の壁は毎日目に入ってくるものだし、一度貼ったらもう変えられないので1カ月悩み抜き、このタイルに決めました。

　リフォーム前はテカテカしたタイルでしたが、ほわんとマットなイメージに変わりました。窓から西陽がさしこんだときに、台所が柔らかい雰囲気になるようにと選んだものです。

　このタイルをしっかり見せたくて、吊戸棚の下にさがっていたラックは取り外してもらいました。

3

器と料理

器に興味が出てきたのは、上の子ども3人が大きくなって
子ども用のプレートを使わなくなったころ。
時間に余裕が出てきて、少しこった料理をつくってみたくなってきたころ。
丁寧に台所仕事をする祖母の背中を見て育って、
さあ自分もという気になったのかもしれません。

茶碗

ごはん茶碗は その日の 気分で

以前うちには、あまりごはん茶碗がありませんでした。息子たちも私も、白米をあまり食べなかったからです。そのうち、成長した息子たちがたくさん食べるようになってきて、茶碗が必要になりました。少しずつ増えてきましたが、「誰の」とは決めず、みんなその日の食べたい量に合わせて選んでいます。たくさん食べたい人、ご飯に何かかけたい人は大きい茶碗。食欲のない人、白米な気分じゃない人は小さい茶碗。

ごはんだけでなく、おかずや汁物を入れるときもあります。

選ぶのは、持ち心地のよい高台のあるもの。熱々の汁物を入れても持てるものを選んでいます。そして柄物はいつか飽きてしまうので、無地のものを。最初は気に入った柄物でも、やはり手に取るのは無地の茶碗。

左から、小黒ちはる、田中直純、田谷直子、村上雄一、田谷直子、郡司製陶所、鈴木環の作品。

結局母に「使わない？」と聞くことになるので、最近では買い物をしていて柄物を買いそうになると、「よく考えて」と母に注意を促されがち。デザインは、ぽってりと丸い雰囲気が好みです。

お皿

家族の食卓に、オーバルのお皿

私の思う食卓は、「ごはんだよ」と家族を呼ぶとワッと勢いよく食べてくれるような場。同時に、わいわいとおしゃべりをするにぎやかな場です。いろいろな話が出るなかに、「これはなに?」「おいしそう」なんていう言葉が混ざるとうれしい。その瞬間のために、料理をがんばっているようなところがあります。

オーバルのお皿は、盛りつけベタな私を助けてくれる優秀な器です。少し深さのあるものを選べば、立体的に盛りつけられて、単品だけでも画が決まります。せりあがった部分

に支えられて、おかずがバランスよくのってくれるから。そしてオーバルなら、省スペースで並べられてテーブルを広く使うこともできます。

選ぶ色合いは白やベージュがほとんど。料理本来の色を、きれいに映えさせてくれる気がします。

郡司庸久さん・慶子さんのお皿

ありそうでない形と大きさ、独特なマット感をそなえた深みのあるオーバル皿。大きいので、メインのおかずやカレーに便利です。子どもの食べる量が増えたので買い増したいのですが、人気すぎて全然買えません。

イイホシユミコさんのお皿

イイホシさんの器との最初の出会いは、母が使っていたコーヒーカップ。シンプルで、優しい色味。使いやすさにも惹かれ、器に興味を持ったとき真っ先にイイホシさんのをと思ったのでした。わがやの作家もの第一号です。

端田敏也さんのお皿

汁物を入れられるほど深さがあり、立体感のある盛りつけをかなえてくれます。竹の水切りかごと同じハモニさんで見つけました。オーバルのなかから好みの皿を見つけるのは難しく、アンテナ張りが重要です。

イトウサトミさんのお皿

長らく大ファンの作家さん。とあるお店のサイトの写真で、後ろの方にちらりと写っているのを見てすぐ連絡してゲット。この色合い、細かなひびの味わいがたまりません。裏側は茶色く、素材そのもののざらっとした質感。

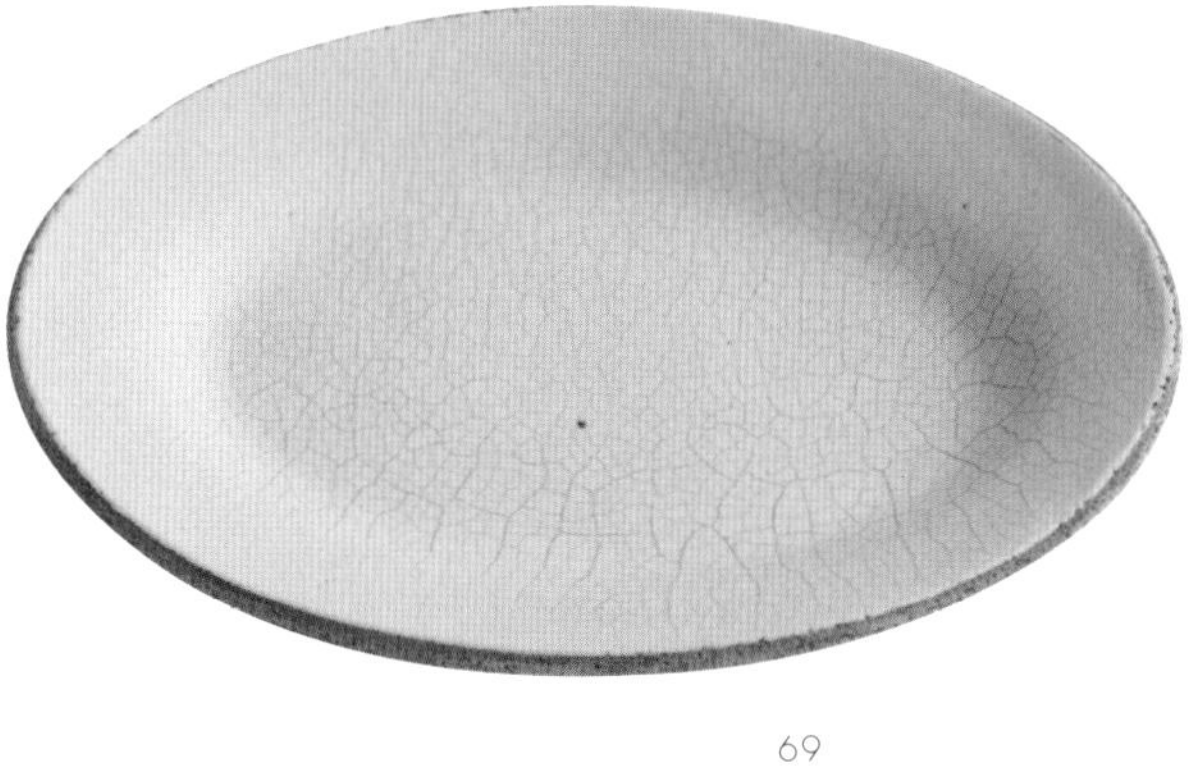

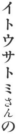

子どもの食器

子どもの器
今のところは家にあるもので

上の子3人の幼少期には、おなじみのキャラもののプラスチック器を使っていました。まだ、作家ものの器をひとつも持っていなかった時代です。

ただ、色がにぎやかすぎる、料理がおいしそうに見えないなという意識はあって、「白い食器にしない？」という相談はよくしていました。却下されてカラフルプラスチック時代は続きましたが。

3人のキャラもの卒業を待ったのち、白い琺瑯のプレートを見つけて使うように。これなら落としても割れにくく、白いので食材がちゃんと見えます。子どもの意見も尊重したいけれど、できればおいしそうに見える器を使ってほしい。

今のところ末っ子にはとくに新たに買わず、家にあるなかで適したものを使っています。

木のボウル

中西健太

においがつくのが嫌で、木の器は避けていました。これはあんまりかわいくて、使ってみたくて。ベビー用として買ったわけではありませんが、持ちやすくサイズもいいのでお菓子や果物を入れてあげています。

ワンブー

田村窯

ワンブーは沖縄の鉢物のこと。ちなみに焼き物をやちむんと呼ぶそうです。厚手で安定感があり、最初はしゃもじを置くのによさそうと購入しました。子どもが手をつっこんでもグラッとせず安心。

飯碗

鈴木まるみ

笠間焼の、シンプルで素朴な様子がかわいい小さいお茶碗。末っ子にちょうどよいサイズで、軽くて持ちやすい。そろそろ手づかみ食べが終わるので、これでいけるかとお試し中です。

ラウンドプレート

野田琺瑯

今はメラミン製のおしゃれなものや、白いシンプルデザインのプレートが増えてきました。10年前はそうはいかず、野田琺瑯でこれを見つけたときは「素材感もよくて丈夫!」と飛びつきました。裏に吸盤を貼れば、テーブルから動かずひっくり返されることもなし。

豆皿と小さな道具

ぽってりがかわいい便利な豆皿

ちょっと深さのある、ぽってりとした豆皿に惹かれます。気に入ったものを見つけては、集め出したのは最近のこと。値段的にも買いやすく、増やしても収納スペースに困らないのもまた魅力です。ほしいようなシンプルなものは意外と少ないので、お店パトロールは必須です。

ガスコンロの上の段差に数枚を置いてみたところ、味見をするときや、汁のついたお玉を置きたいときなどにとても重宝。ほんの少しだけ残ってしまったおかずを入れることもあるし、家族分のしょうゆを注ぐこともあるしで、やっぱりもう少し集めたいと思っています（買う理由があるとうれしい）。

手前から、デッドストックの白磁／イトウサトミ／購入先を忘れましたが裏に「third」と書いてある豆皿／いつからか家にあったもの／古道具屋で購入したものです。写真にはありませんが、Awabi wareさんのも3枚持っています。小さい面積でも、少し深さがあると扱いやすく感じます。

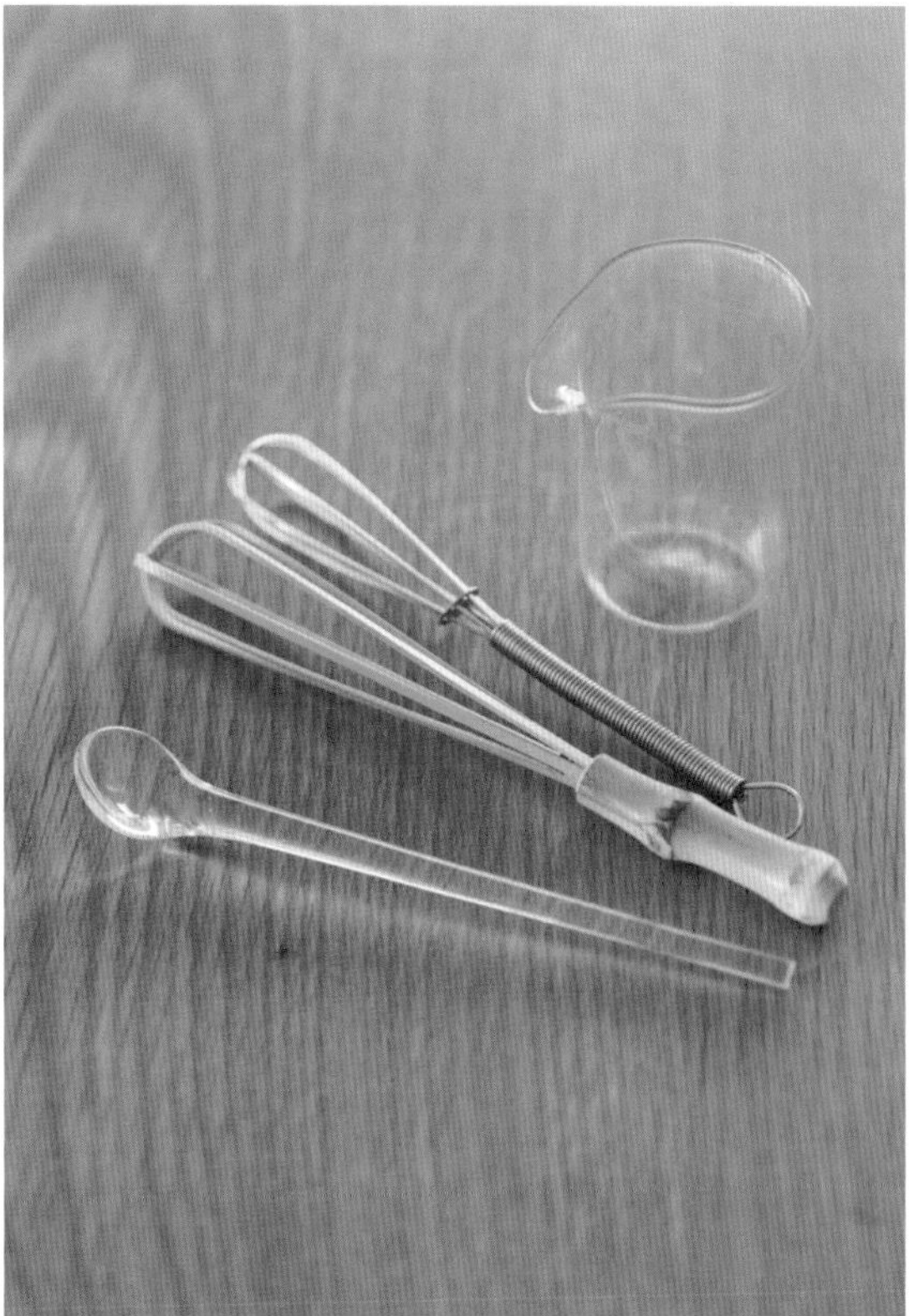

左から、ガラスのマドラー。先がおさじになっていてシロップや調味料をすくうことができます。柄の長さがほどよい／公長齋小菅の竹のマドラー。卵をきれいに溶くのが苦手なのですが、これを使うと白身がよくきれます／おそらく100均で買った泡立て。つくったドレッシングを混ぜやすい／antiquenaraで買ったガラスの片口。ドレッシングをつくったり、しょうゆさし代わりにしたりします。

カトラリーと箸

カトラリーは家族共通、定位置は食卓

普段の食事に使うカトラリーは、ケースに入れて食卓に置いてあります。誰がどれを取ってもいいように、同じ種類を人数分。箸を何も考えず2本取ればいいというのはかなりラクです。

カトラリーケースは衛生面から手入れのしやすいものがいいと考えて、ビンテージではなく新品のケースにしました。景色のなかで浮かないように、色と素材感がテーブルになじむ竹製のものを。

箸の入ったケースはテーブルの上に出しっぱなしで、スプーンやフォークのケースはダイニングの棚にしまっています。カレーやパスタなど出番のときだけ、引き出しから出して使います。

箸

日用日

角ばった箸は食べていて手が痛いので、丸みをおびているものを選びました。洗いやすくもあります。小中学生も大人も使える23㎝。塗装がはげるといやなので、何も塗られていないお箸に。

スプーン、フォーク、ナイフ

SABRE

木の持ち手のカトラリーがほしくてこちらにしました。箸やケースとテイストが合うし、なんといっても見た目が好み。家族の人数が多いので、全員分そろえるのが可能なお値段というのも重要。

料理

お母さんの定番料理

「お母さんの料理といえば？」と聞かれた子どもが、パッとこたえられるような定番料理を持ちたいと思っていました。「カレー」「ハンバーグ」に並んで登場するのが、まん丸のコロッケです。

コロッケのなかに、ひとつだけキムチを入れて「アタリ」をつくったり。こんな遊びが大好きな子どもたちは、盛り上がって食べてくれます。

そんな食卓の風景を思い浮かべながら、ひたすら丸めて、ひたすら衣をつけて、ひたすら揚げます。

同じ動作を淡々と、無心に繰り返す作業が嫌いではありません。そして丸められ、衣のつけられたコロッケたちが、バットのなかで並んでいるのを見るのが好きなひとときだったりもします。

コロッケのレシピ

じゃがいもを蒸かして潰し、ひき肉と玉ねぎを炒めたものを混ぜる。バットに広げて、丸める。好みでたらこや割けるチーズを入れても。バッター液（卵1個、小麦粉大さじ4、水大さじ2、塩少々）、パン粉の順につけて揚げる。

料理

ちゃちゃっとつくれる、いつもの調味料

a
出汁
「茅乃舎」のだしパックを、水から入れて沸騰してから2〜3分煮出します。びんに保存して、味噌汁や煮物に利用します。

b
塩麹
米麹500gをほぐして、塩100gを混ぜます。水400〜500㎖を注いで、密封しないようにふたをします。しゃばしゃばが好きなので、水は多め。1日1回かき混ぜて、7〜10日で完成です。

c
りんごの万能だれ
酒50ccを煮切り、砂糖50gを混ぜます。りんご1個、玉ねぎと人参半分ずつ、しょうがとにんにく適宜をすりおろし、醤油170cc、味噌30g、ごまととうがらしをお好みで、すべてを混ぜ合わせて7〜10日後完成。チャーハン、炒め物、から揚げの下味に。

夫の母に「マヨネーズやドレッシングは簡単につくれるし、おいしいよ」と教えてもらってから、私も手作り派になりました。「いいよ」と言われると、すぐに試したくなります。

実際にやってみたら、本当に簡単だし、本当においしい。

そして市販のドレッシングを使いきれずにあまらせてしまうようなことがないのも、手作りのメリット。すぐに使いきれるように、レシピの分量の半量でつくるようにしています。

d

にんにく醤油

にんにく2片ほどをスライスし、醤油100〜150mlに入れておくだけ。お肉を焼くときにさっと垂らせば、子どもたちが喜びます。やってみたら人気だったので、ちょっとつくり置きするように。

e

甘辛ダレ

醤油大さじ5、砂糖大さじ6、みりん大さじ5をいっぺんに鍋に入れて混ぜ、4〜5分煮詰めれば完成です。照り焼きや天丼などいろいろに使えて、子どもの食いつきが違います。

f

柚子胡椒

まず、手袋とゴーグルをつけます。青唐辛子200gの種を取り、みじん切り。青ゆず4〜5個の皮だけをすりおろします。塩200g、米麹300gと混ぜ、柚子のしぼり汁を加えて完成です。

手作りシロップ

飲んでおいしい 目で楽しい ガラスの容器でつくる 果物のシロップ

友人から「酵素シロップが体にいいらしい」と聞いて、さっそく試したくなりました。本を買ってきてみたら、その写真の美しさにほれぼれ。飲むことはもちろんですが、視覚的に愛でて楽しみたいと思いました。

実際つくってみると、ガラスのなかでフルーツがじわじわ浮いてきたりする様子がたまりません。よく、眺めております。

きんかんシロップ

これは酵素ではない普通のシロップです。酵素シロップを知る前から、レモンシロップや梅シロップなどフルーツであれこれ作っていました。とくに娘が好んで、炭酸などで割ってよく飲んでいます。

金柑に切れ目を入れて、水と一緒に鍋へ入れ火にかける。ふつふつとなったらキビ砂糖を入れて15分煮る。

酵素シロップ

杉本雅代さんの『手作り酵素シロップ』（文化出版局）のレシピでつくりました。

いちょう切りのりんご、皮をむいて輪切りにしたレモン、玄米をティースプーン1杯。それら合計の重さ×1・1の分量の砂糖。砂糖→りんご→レモン→玄米の順番で繰り返し入れ、最後は砂糖でふたをする形に。毎日1～2回手で混ぜ、1～2週間で完成。濾してシロップだけで保存する。

4

暮らしの道具

居心地のいい家であるために、
その場に違和感なくなじむもので空間をつくりたい。
毎日使う道具なら、
「好きだな」「心地がいいな」と感じるもので
暮らしを楽しみたいと考えています。

インテリア

わがやについて

元アパートの2階2室をぶち抜いて、ワンフロアで暮らしています。東日本大震災のあと夫の転勤が決まり、実家の近くに引っ越すことになったのですが、土地柄避難してきた方が多く部屋が見つかりませんでした。そこで、実家の元アパートをリフォームして住むことになったのです。

そのため玄関は2室分両側にあり、ダイニング横の階段は階下の実家とつながっています。広々と使いたかったので、あちらこちらの部屋の壁を取りはらってもらい、構造上取ることのできなかった柱が残っています。

古い建物なので「昭和」感が強く、天井は低め。壁を白くしてもらい、古い戸板をあえて用いて、スイッチカバーなども自分で選んで今の雰囲気をつくりました。

以前から、インテリアの本や雑誌を読むのが好きでした。「こういう置き方があるんだ」「この組み合わせはいいな」など、今につながる知識や好みの認識は本で身につけたと思います。

シャービックやカントリー調、北欧テイストに惹かれた時期もあり、インターネットでも幅広くインテリア関連のページを覗いていました。

引っ越してくる前はヨーロッパのアンティークに傾倒していましたが、和テイスト強めのこの家に住むようになり、おじいちゃんの家にあった古い棚に「これ、いい……」と思う自分を発見。自然と、買うものは和のビンテージに寄っていきました。

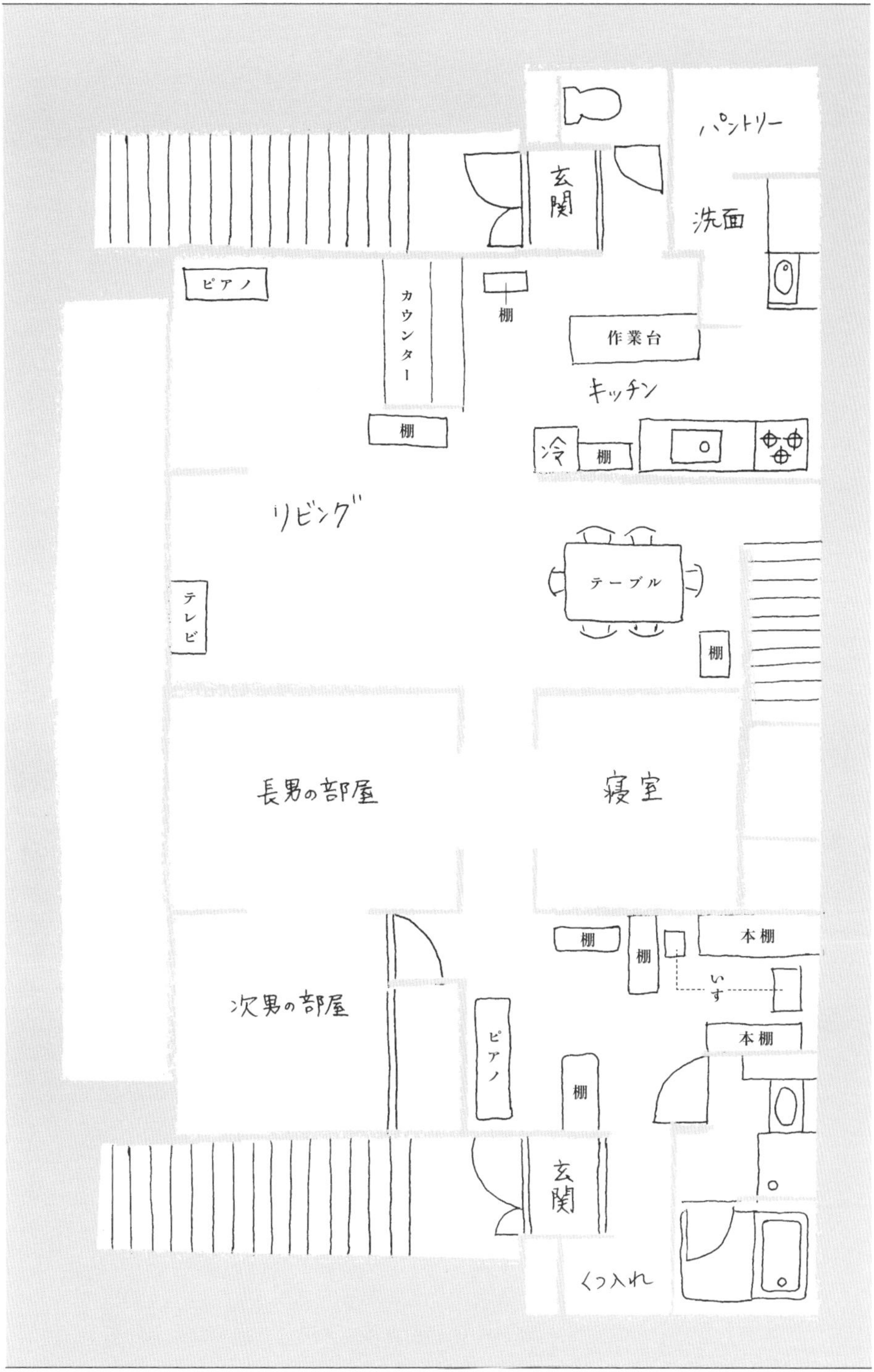
パントリー
玄関
洗面
ピアノ
カウンター
棚
作業台
キッチン
棚
冷
棚
リビング
テーブル
テレビ
棚
長男の部屋
寝室
棚
棚
本棚
いす
次男の部屋
ピアノ
本棚
棚
玄関
くつ入れ

ダイニング

階下の実家へと続く階段

ダイニングの奥の扉を開くと現れる階段。扉を開けると窓から光がさして、ダイニングに自然光がさしこみます。両親に末っ子を見ていてほしいときなど、ここを行き来して。長女の部屋は階下にあります。

引き出し

古道具

もともとは台所に置きたくて探した棚ですが、厚みがあって場になじみませんでした。ダイニングに置いてみたら、食卓に必要なものや生活のものを収められて大変便利。ひな人形など季節の飾りはこの上に。

引き出しのなかには、カトラリーやランチョンマット、コースターなど。延長コードや工具といった日用品もこちらです。

インテリア

ダイニングの景色をつくるもの

本当はもう少し長い方がいいのだけれど、部屋を広く使うために1350×850㎝でオーダー。木製家具の多いなか、脚を黒いアイアンにすることで空間を引き締めました。

ダイニングテーブルは、古材を使用してオーダー家具をつくってくれる「ju-gu」さんに頼みました。家族全員が座っても後ろをゆうゆう通れるように、大きすぎないサイズで。家族の食卓を心地いいものにするために、まずは部屋が窮屈ではないようにと考えました。

合わせるいすは、色味をそろえて。私はいすが好きで、いろいろなデザインを取り入れたくなります。全部が木というのではなく、アイアン素材を入れたり、座面をベージュ、茶と合わせたり。ひとつのテーブルに入れたときに、調和することを意識して。

また、いすを選ぶときには、背もたれ側からのビジュアルも大事にしています。いすは、なんといっても背面から見る姿に心を動かされるか

らです。
一番左のスツールは、地元の骨とう品屋さんのテラスで、売り物としてではなく置いてありました。座りやすくて、花瓶を置いたとしてもバランスがよさそう。お店の人にお願いして、売っていただきました。
右から2番目のいすは、実家で母が子どものころから使っていたミシン用いす。経年変化がすてきで、座り心地もとてもよいので、座面を張り替えて使っています。
出会い、座り心地、色合い、素材感等々、それぞれに思い入れがあります。

まんなかはビンテージショップで2脚一組のものを購入。ひとつは売りました。一番右はWOMB BROCANTEで見つけたわがやのスツール第一号。

インテリア

家族みんながゆったり過ごせる部屋づくり

リビング

壁を取り払い、広くしたリビングのもう片側。電子ピアノや本、パソコンなどが置いてあります。

リビングに求めるのは、家族みんながゴロゴロとくつろげる場所であることです。そのために、厚手のラグを重ねて好きなだけ寝っ転がれるようにしています。壁際には、クッションをいくつか置いて。

リフォームで取ることができなかった柱のおかげで、ソファがほしくても置き場所に困ります。野球をしている長男が素振りをすることもあって、ソファは導入せずにひたすら空間を広くとっています。

ゴロゴロスペースに置いているのはテレビとオットマン（右ページ）くらいのもの。このオットマンはデザインに惹かれて「とにかく置きたい」と買ったものですが、授乳のときに座ったり、ちょっとものを置いたりするのにとても重宝しています。

本棚が台所とリビングの仕切りになっていて、上面をパソコンデスクに利用。台所にいる人と話すこともできます。

大きな引き出し棚

HIGASHIYA ART FURNITURE

こんな引き出し棚がほしくて、しつこく、粘り強く、1カ月は「引き出し」「○杯」でググり続けました。ついにリサイクルショップが出品しているのを発見。もとは学校で使われていたようです。大きいスペースを工夫して収納するのが苦手なので、小さく分かれているのがラク。

湿布や氷嚢と、子どもの学校用靴下。子どもに「左から何列目の何番目」と言ってものを取ってもらったりします。

おしりふきのストック、お弁当箱。

ゲーム、お弁当につかう布もの。これはお弁当箱の真上の引き出しで、両方すぐに取れるように。

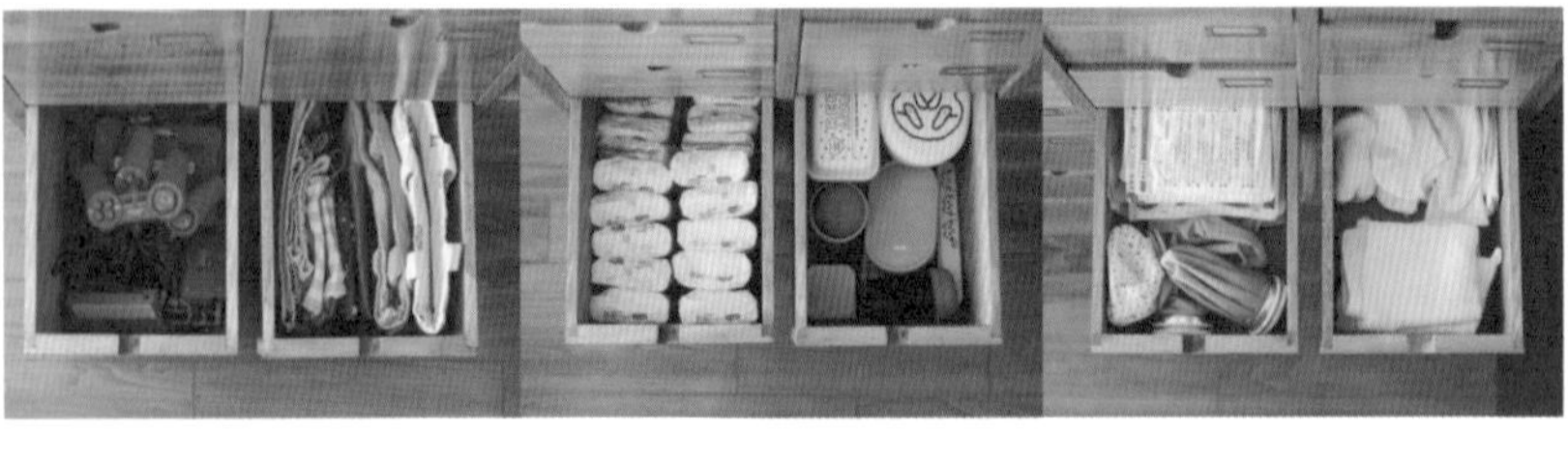

ラグ

BasShu

インスタの広告でたびたび出てきて、ずっと気になっていたラグです。以前はウィルトン織の茶色いものを敷いていたのですが、イメージを変えようと思い切り、はっきりした柄のラグを選びました。

引き出し棚

ヤフオク

テレビ台としてこんな引き出しがほしいとイメージし、何カ月も探しました。個人が出品していたのを、ヤフオクで発見。テレビの周りには不思議と細かいものが集まるので、引き出しで個別に入れられるのは便利です。

洗面所

洗面所は作業する場であり、わがやの場合は台所とパントリーの間にある動線にあたります。通りやすく、効率よく動ける場所を心がけました。インテリアの本を参考に、濃い色のシンプルな棚を窓の下に、薄い色で軽い印象の棚を窓の上につけました。

以前は白い縁のフレンチイメージな鏡をかけていましたが、「なんか違うな…」。そんなとき、実家の玄関に何十年とあったこの鏡に気がつきました。見れば秋田木工のもの。お願いして、もらってきました。

パタパタ棚

WOMB BROCANTE

洗面台横の作業台下に、「数段のパタパタ棚を置きたい」と探しました。例えばここに引き出しがたくさんだと、見た目の情報量が多すぎるから。なかには化粧品や、そのストックなど。

洗面台下は扉を取りました。扉があると、ついものを詰め込んでしまうためです。左のかごバッグには歯ブラシなどのストック。古道具のおひつとガラスの花器には、コンタクトレンズが入っています。

寝室

眠る場所は、あまりこまごまとものを置いて情報量を増やすことなく、シンプルで整った空間にしたいと思いました。

奥の空間は、元押し入れ。リフォームで階段をつくったために、ここに段差が生じています。段差のうえに引き出しを置いて、子どものプリント類などを。かごには末っ子のオフシーズン服やおしりふきのストック、掃除道具などが。

以前はこのバーにずらりと服をかけていました。今は極力減らして、ゆとりある空間で眠りたいと考えています。

子ども部屋

次男のベッドと机。背後には次男と夫の衣類クローゼット。こちらも扉は外しています。

子ども部屋は、子どもたちが居心地よく過ごせることが第一。そして友だちを呼んだときに、みんなにくつろいでもらえる場所であったらと思います。

長男が自分で選んだベッドはソファベッドでした。縦に渡してある板がとても便利なのだそう。

学習机は、「大人になっても使えるもの」という意識で選んでいます。

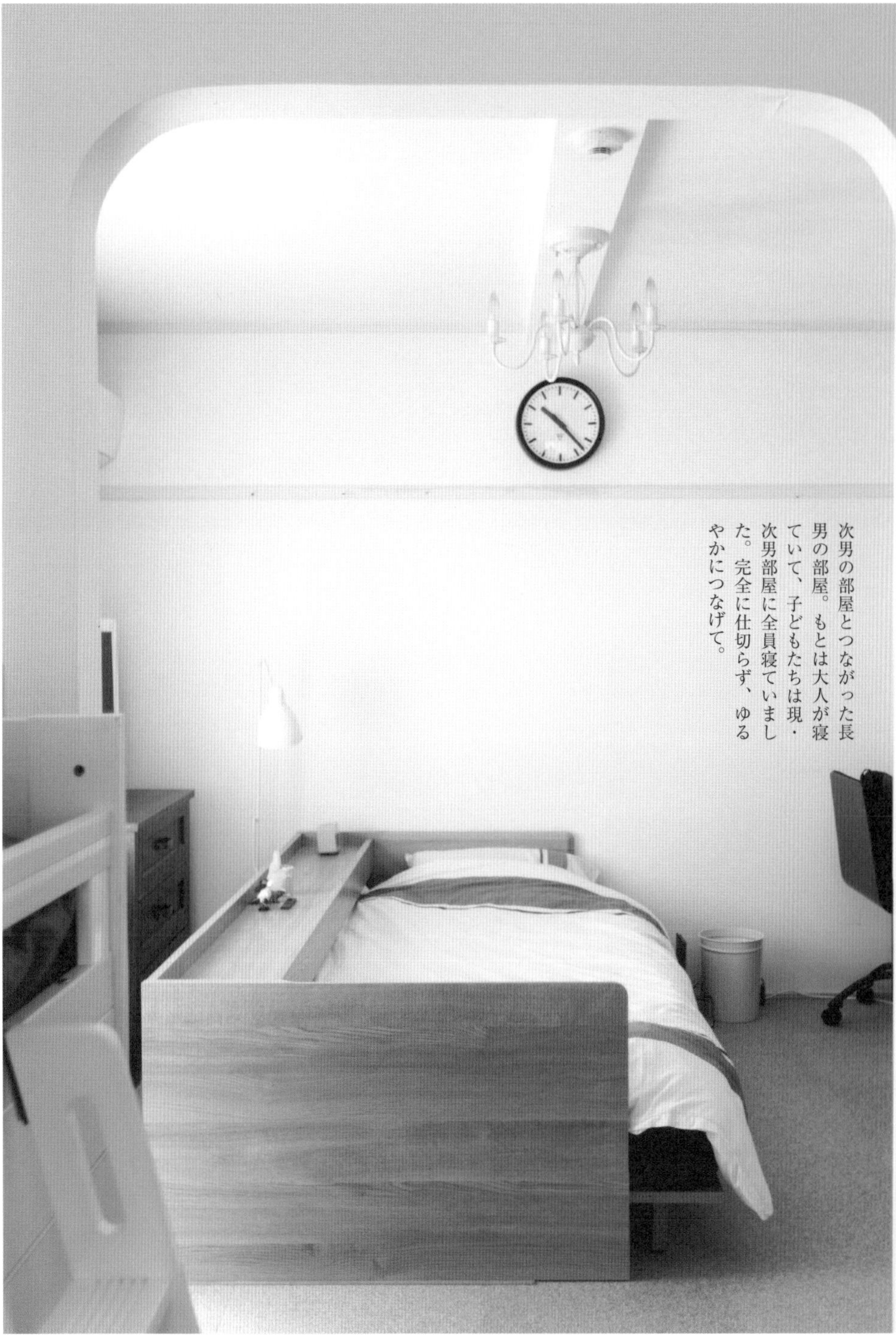

次男の部屋とつながった長男の部屋。もとは大人が寝ていて、子どもたちは現・次男部屋に全員寝ていました。完全に仕切らず、ゆるやかにつなげて。

リフォーム前は台所だった空間にピアノを置きました。私が子どものときに弾いていたピアノですが、今弾いているのは私以外の家族全員。

ピアノスペース

昔、祖母が台所で使っていたテーブルを楽譜置きに。当時はものでうずもれて全貌がわかりませんでしたが、もらってみたらこんな風でお気に入りです。

ピアノと同じ室内に、子どもたちの憩いスペース。いすの両脇に本棚を置いて、漫画や本を並べています。ひとりでゆっくりしたいときに。

いつかプラスチック製の引き出しを家からなくしたくて、オフシーズン服を入れようと購入したパタパタ棚（BLEU PORTE）。引っ越し話が出て、大きすぎて持っていけないので計画は延期です。

玄関

メインの玄関。入ってすぐのところに物置スペースがあり、くつ入れが右奥に。掃除道具や古道具のつぼ（ドライフラワーをさしたり）、甕（なかに家族のサンダル）、古いアイロン台（補助机として利用）が置いてあります。

アパートの2室をつなげたわが家。2つある玄関のこちらは勝手口。学校寄りにあるので子どもたちはいつもこちらを利用しています。

アクセント

小さくても、部屋の雰囲気を変えるアクセント

ここは子どもたちの憩いスペース、漫画棚の上。私はここで憩いませんが、ここに花を飾ることが好きです。その空間をつくる感じが。

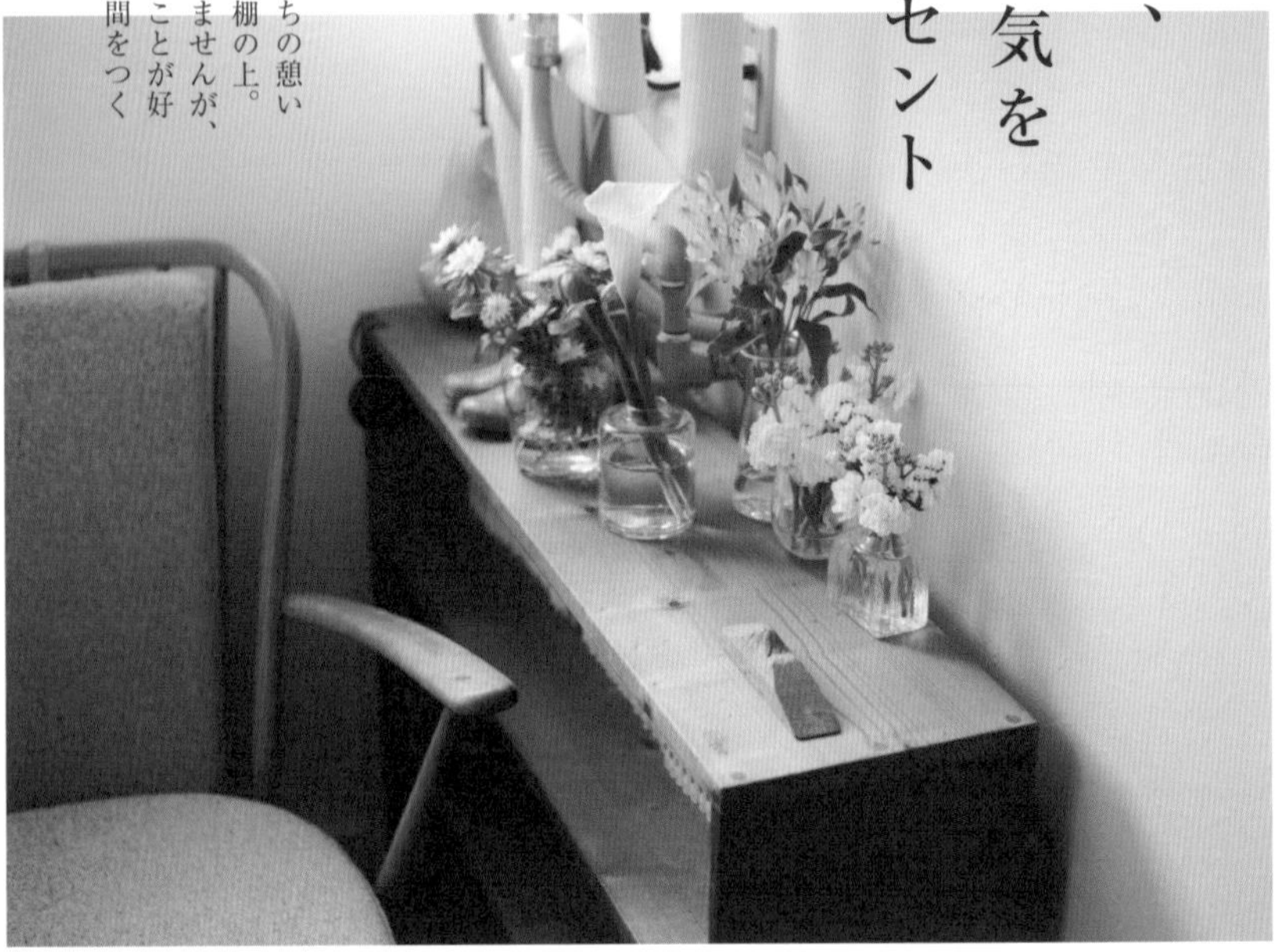

グリーンはだいたい、マンスリーで届く花や、地元の花屋で購入する枝ものを飾ります。ブーケをばらして、種類ごとに飾るのが好み。こうすると、スーパーで買うような花束でもかわいらしく見えます。もしくは、大きな花器に投げ入れ式でバサッと飾るのもすてき。部屋の雰囲気がパッと明るくなります。

ライトも同様に、小さなサイズでも部屋のイメージをがらりと変えてくれます。だから時々、模様替えのような感覚でライトの配置換えをしています。「これ、リビングでも合うなあ」などなど、デザインを楽しむためにも余計に1，2個持っていたいくらい。

こぶりなのは、家の天井が低いため。煌々と照らされるより、ポッと灯るようなライトに惹かれます。

a

b

c

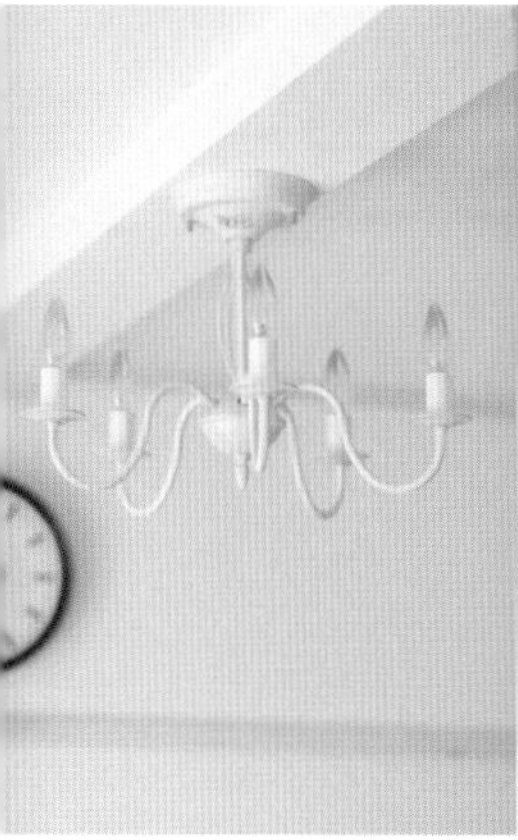

d

e

f

g

h

a 坂本喜子さんのランプシェード。銅板を鍛金してあり、金づちで刻まれた質感がいい。リビングに。b シェードのないものが好みでしたが、〝古道具といえば〟な趣に惹かれて。ダイニングに吊るしたらテーブルの脚とマッチ。c 紫山（shizan）で購入したガラスのライト。台所のサブ照明として、かすかに灯っています。d 長男の部屋（元大人の寝室）にある、備えつけのライト。寝室にシャンデリア、憧れでした。e RECTOHALLで買ったフランスアンティーク。寝室に。f 地元の古道具店で見つけた、シンプルな白磁のライト。リビングのパソコン側に。g モンティークで見つけた古道具。歯車のような木のパーツがかわいい。ピアノ室にさげています。h 次男の部屋にある、楽天で見つけたライト。黒と白をセットで買い、鎖を短くしてつけました。

収納

行李とかご収納

行李とは、竹や柳などの植物で編んだ日本古来の収納かごを指すそうです。四角くて深いからたくさん入り、通気性がよく、丈夫で軽い。オフシーズンの服などを入れるのにぴったりで、高い場所に置いても安全です。

部屋にぽんと置いておくなら、行李より柔らかい雰囲気のかごがしっくりきます。布ものを投げ込むようなときには丸いかごのほうが入れやすく、ビジュアル的にも好み。紙類にはやっぱり四角です。

実家にあった行李（大）

行李はふたも深いので、売っているのがふたなのかそうでないのか私にはわかりません。末っ子の服を入れて寝室の棚に置いています。

イリンガバスケット

アフリカンスクエアー

水草を細かく編み上げたタンザニアのバスケットです。大きいけれど素材が柔らかいので圧迫感がありません。リビングで、夫の脱いだ服や部屋着を入れるのに。

イリンガバスケット

MANGOROBE

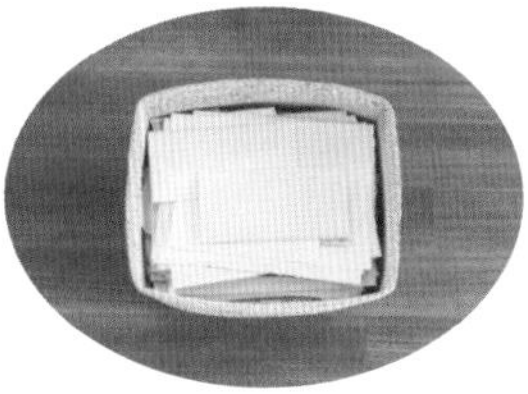

学校でもらってきたプリントや返却されたテストなどは、一度ここにためておきます。うっかり必要なものを捨ててしまうということを何度か経て、この方法に。

小さい行李

古道具

返信が必要な書類など、ちょこちょこチェックすべき郵便物を入れてパソコンの近くに置いています。

掃除

お気に入りの道具で、掃除を楽しく

子どもたちが学校に行ったら、家全体に掃除機をかけます。あとは汚れやほこりに気づいたとき、ちょこちょことをきれいにするのが理想。週に何回どこを拭く等きっちり決めすぎると苦しくなってしまう性格なので、時間に余裕のあるときや、さらしを交換するときなどに棚などを拭いています。

1歳児のいる今は、一緒に遊びながら「今日はここ」と部分部分でブラシをかけたり。できる限りで、楽しい範囲で、居心地のいい家にしようと心がけています。

○キッチンのオープン棚

オープン棚はやっぱり、ほこりがたまります。夕食後にカウンタークロスで調理台を拭くとき、余裕があれば棚の方まできれいにしてから、最後に床を拭いてポイ。

○洗面所

朝の身支度がすんだら、フェイスタオルにしているびわこふきんであたりを拭いて、台所の手拭きと食器布巾と一緒に琺瑯ボウルで煮沸します。

○リビングなど

ピアノやテレビを置いた棚など、ほこりの目立つ場所はちょこちょこと拭きます。ライトはたまに模様替え感覚で移動させるので、その際にほこりを取ります。ラグは季節の変わり目にクリーニングに出して。

○大掃除

秋口から少しずつ、窓のさんやドアの溝を掃除し始めます。換気扇のなかの方、網戸、エアコンの奥の方はプロにお任せしています。

おやつの食べこぼしや消しゴムのカスなど、掃除機を出すほどでもないゴミが散らかったらほうきの出番です。

リビング引き出しの上に、ラボラトリオで購入した井藤昌志さんのオーバルボックスを置いて、なかにブラシ類をまとめています。ブラシは左から、パソコンのキーボード掃除用にホームセンターで買ったハケ／ピアノやパソコン、消しゴムカス用に雑貨屋で見つけたちりとりとほうきセット／ブラインド用のレデッカーのブラシ／レデッカーのキーホルダーブラシ。

玄関の物置スペースに吊るしたほうき類。左から、実家にあった細いほうき（玄関をはく用）。ニグラムで買った棕櫚のほうき（掃除機を出すほどでもないちょっとした汚れに）。娘が小さいときにおもちゃとして買ったデッキブラシ（「おかあさんといっしょ」にデッキブラシを持ったキャラクターがいたのです）。

台所の上の棚に置いたかごには、重曹、セスキ、クエン酸、酸素系漂白剤。これらがあれば家のなかのどんな汚れにも対応します。右はモーソーのハンディクリーナー。調理台の隙間に入り込んだ粉類や、トースター周りのパン粉をさっと吸えて便利。

洗濯

ヘビーな洗濯仕事、工夫をしたりがんばったり

家事のなかで一番「あ～あ」と思うのが、洗濯物干しです。6人家族で野球少年もおり、とにかく量が多い！　だいたい毎日、3～5回洗濯機を回します。夜に1～2回、朝に2～3回。花粉などの理由から部屋干しなので、工夫も必要。部屋にはびっしり洗濯物がさがります。

当然暮らしていて目に入るので、洗濯グッズはシンプルなデザインが好ましいです。ただ、デザイン重視で1枚ずつハンガーにかけていたのを、楽天で見つけた「のびのび7連ハンガー」に変え、ピンチを引っぱるだけで取れるタイプに変えたらだいぶラクになりました。取り込みやすいだけでなく、干しやすくもあったのです。

（引っ越し先はさらに干すところがなく、ベルメゾンの「浮かせて干す！ピンで設置できる壁付け物干し」を導入しました）。

7連ハンガーを2セットでも足りないので、無印良品のアルミハンガーなども使います。一部トップスは乾いたらそのままクローゼットに移し、畳む量を減らしています。

畳む作業は、きっちり収まると気持ちがよく、きらいではありません。ただ、各部屋にしまうのは面倒！子どもそれぞれにまかせられればよいのでしょうが、今度は「早くしまって」と促す仕事が増え、そのうえぐちゃっと突っ込まれることを考えると……私がやる、となるのです。

無印良品の白磁トレー・小に、靴ブラシとうたまろ石鹸をセットして洗面台の近くに。ブラシは柄が白いのを探し、アマゾンで購入しました。ウタマロ石鹸は専用ケースに入れて。

洗濯機は、「液体洗剤・柔軟剤自動投入」のドラム式（パナソニック）にしました。洗剤を量るのが好きではなかったので、勝手に投入してくれるのがとても快適。服を縮ませたくないので、乾燥にかけるのはタオルだけです。

楽天で見つけたワイヤーバスケット。脱いだものを入れるので、汚れてもざっと洗える素材にしました。ワイヤーが細いため床に置いても存在感がありません。

左は、太い素材で編まれたかごにはまっていた時期に楽天で買いました。洗濯を終えた長女のジャージを入れておくと、朝ここから持っていきます。右は母の友人がくれたかご。できあがった洗濯物をこれに入れて、干す場所に運びます。

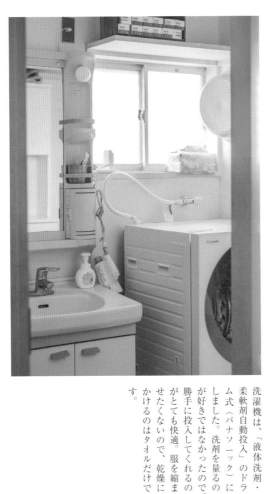

雑貨

ちょっと便利な暮らしの雑貨

一目ぼれで購入した宮内知子さんの大皿。サラダ皿にしようと思っていましたが、いつでも目にしていたいと思いなおし、出しっぱなしで外出小物のトレイに。

雑貨屋をのぞくのも、雑貨を買うのも大好きです。以前は、気に入ったものを深く考えることなく買っていました。それで失敗を重ねた結果、今では「実際に使うかな」を考えるようになりました。ただ、リネンやコースターなど、何かと使える布ものは今でも気軽に買っています。

そういう娯楽的な買い物をのぞけば、ものを買いたいと思うのは「これは使いにくいな」「こんなのがあればいいのに」と感じたとき。ものをイメージしてインスタで探し、便利グッズを見つけます。

ものを置かずすっきりとした空間を重視する考え方もありますが、私は暮らしに便利なものならほしいタイプ。そして掃除がさほど苦痛ではないので、掃除のしやすさより見た目の好みを優先しています。

以前はスプーン立てに使っていた琺瑯のライスカップを歯ブラシ立てに。ツール立てが増えてお役御免になったことと、ここに置くならこんなカップというイメージに合うものだったため。無印良品の白磁トレーに置いて。

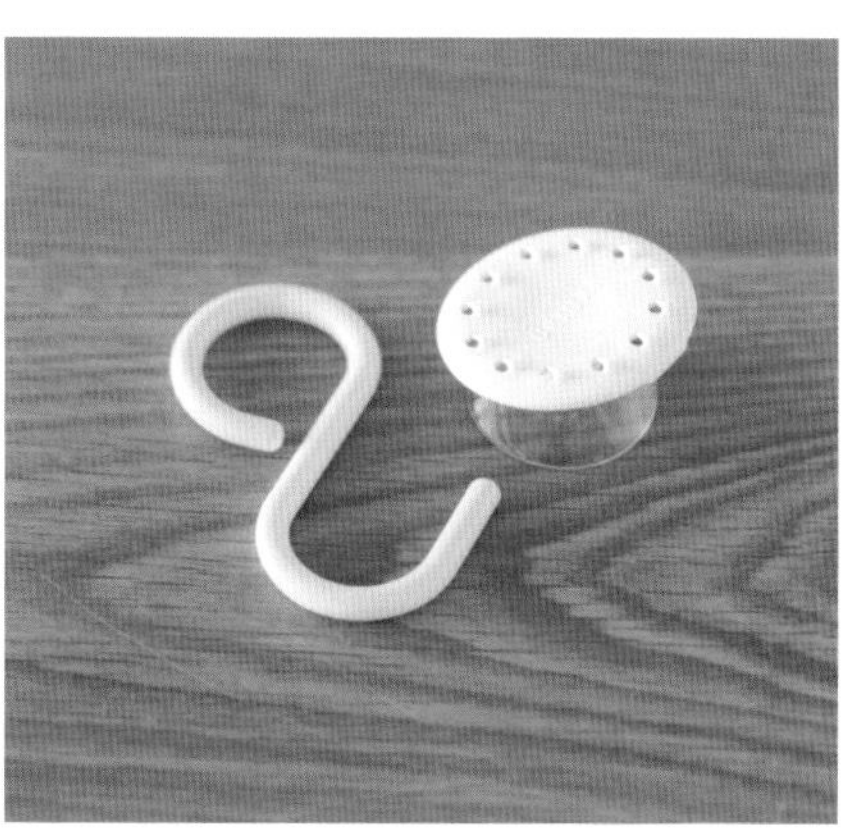

左 Tidyの「S Hook」は、ものを取るときにバーから落ちないのでストレスフリー。お風呂で掃除用スポンジをさげて。右 八商商事「浮かせるスポンジホルダー」はお風呂の壁面につけて、体を洗うスポンジをつけています。

野球で泥だらけになる息子の靴。泥が乾いたら、庭に出てTAPIRの靴ブラシで落としています。毛にコシがあって、よく落ちる。子どもの出入りする勝手口の靴箱の上に常備です。

ベビーグッズ

赤ちゃんのもの。厳選して、いとしんで

9年ぶりに出産し、上の子たちのころよりずいぶん世間に育児グッズが増えていると感じました。ニッチな要望に応えてくれる、いろいろな便利用品。

でも、使える時期が短いことを知っているからこそ、できるだけ家にあるものでまかなおう、新しく買うとしても大人の生活でも使えるようなものを買おうと考えました。上の子たちのときにやたらと増やしてし

まい、なかにはほとんど使わないものもあったなと思い返したのです。
　ただ、末っ子を妊娠するちょっと前に、上の子たちのお古をすべて処分していたのは痛恨！　衣類など必要不可欠なものはすべて買いなおしとなりました。バウンサーも新たに購入です。
　以前はバウンサーも黒一択でしたが、さまざまな色味が出ていて「おお〜」となりました。「どうせならいいのを選ぼう」と腕まくりし、部屋なじみのよいベージュのもの（ベビービョルン）にしようと決めました。当時は人気でなかなか買えなかったのですが、バウンサーは絶対すぐに必要というものでもないので焦らず1カ月間探索。妥協をせずに選んだもので子どもがご機嫌というのは、うれしい光景でした。

哺乳瓶を洗うブラシ。2本とも、以前から家で使っていたものです。黒い方は水筒を洗うのに。白い方はガラスのポットなどの注ぎ口を洗うために。両方Amazonで見つけました。

勧められてシリコン製のスタイを使っていましたが、どうにも素材の感じが好きになれず防水布の袖付きエプロンに変更。1つはおでかけ、2つは家用として3つで回していました。

白い琺瑯プレートを子どもの食事に使おうとしたとき、「これひっくり返すよね?」と予想して探して見つけたリッチェル「トライ置くだけ吸盤」。皿がテーブルに固定されます。

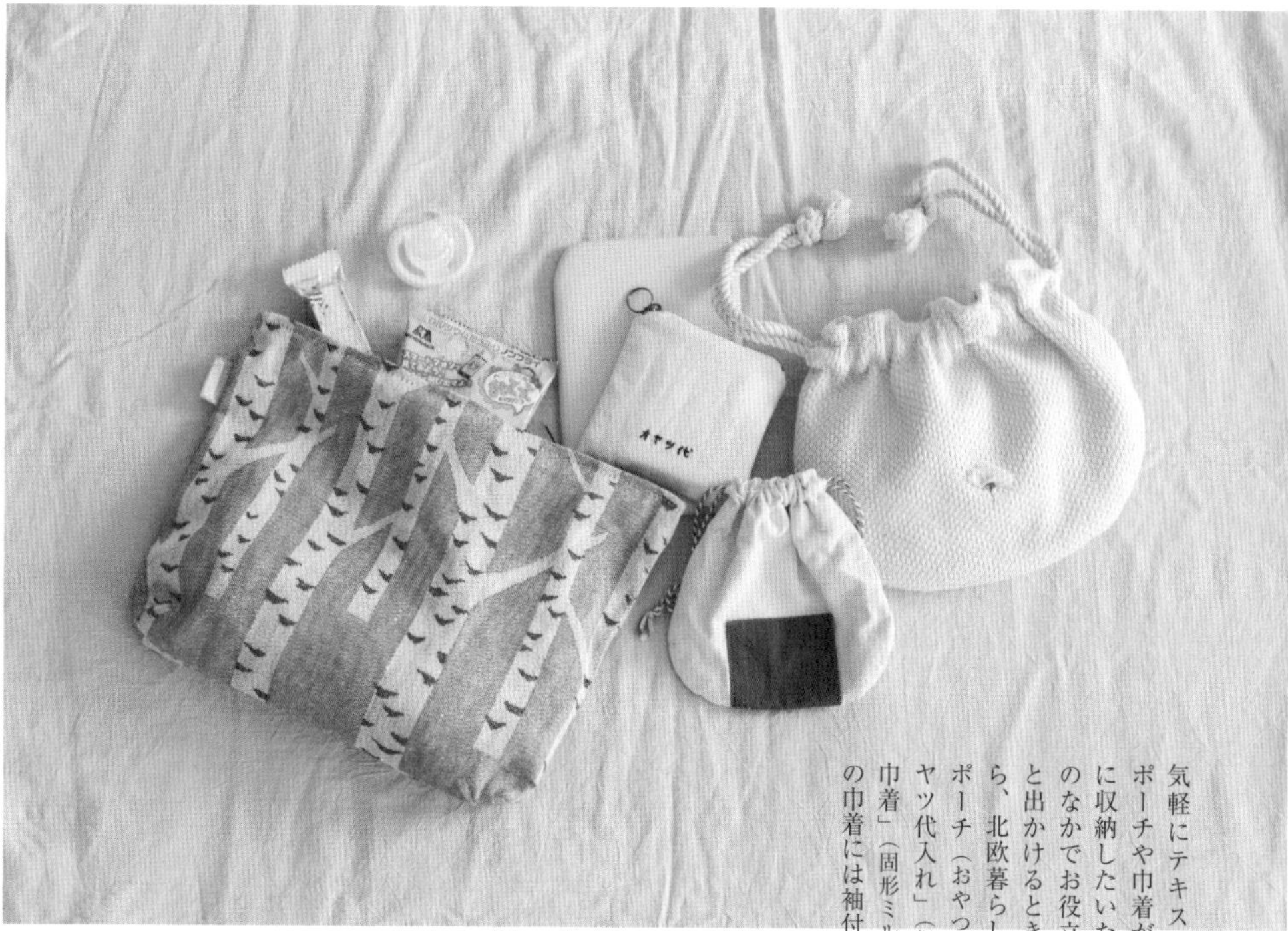

気軽にテキスタイルを楽しめるポーチや巾着が好きです。小分けに収納したいたちなので、カバンのなかでお役立ち。これは末っ子と出かけるときの荷物です。左から、北欧暮らしの道具店で買ったポーチ（おやつ）、morigoyaの「オヤツ代入れ」（保険証）、「おむすび巾着」（固形ミルク）、atelier shimaの巾着には袖付きエプロンが。

野田琺瑯の丸型洗い桶は、ベビーバスとして使用しました。それまでも、野球のユニフォームの漂白や、上履きのつけ置き洗いに使っていたもの。

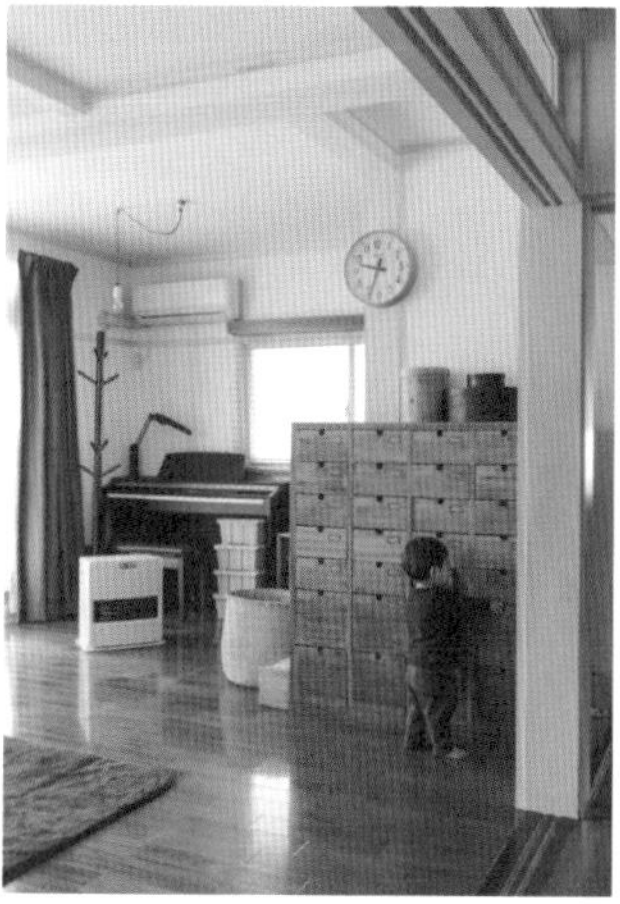

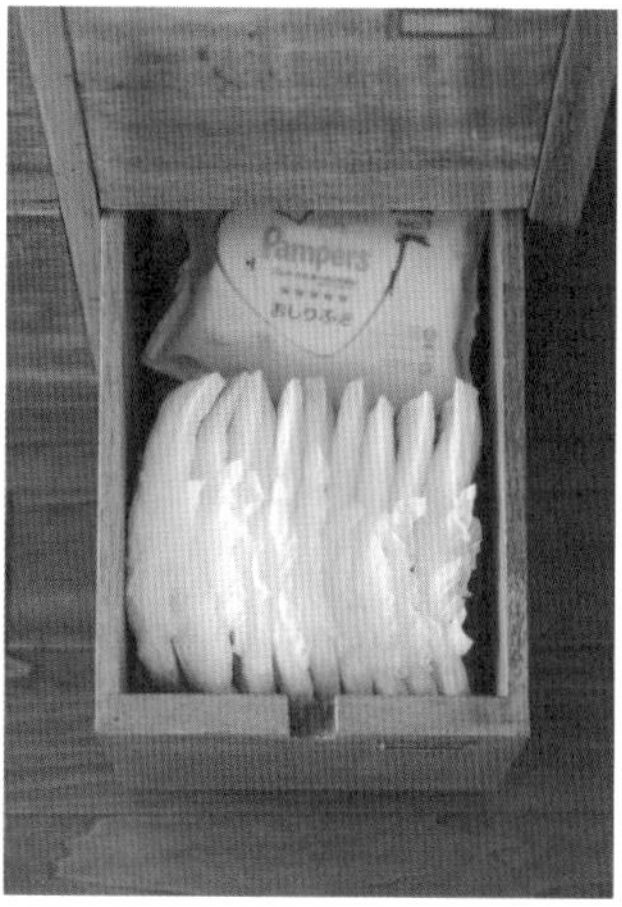

リビングでおむつ替えをすることが多いので、リビングの引き出し棚におむつとおしりふきを収納。最下段なので、末っ子本人が出してくることもあります。ストックは寝室のベッド下。

5

日常のあれこれ

1日の過ごし方、
家事への考え方、
母としてどうありたいか——。
私なりの思うこと、
日々のエピソード

ふだんの日のタイムテーブル

6:00	起床 着替え、お湯を沸かす、洗顔
6:30	昨晩といだ米を火にかける 末っ子起床。身支度の世話 上3人も起きてきてそれぞれに用意 ラスク、卵丼やソーセージなど朝ごはん
7:40	子どもたちが登校したら洗濯機を回す 朝ごはんの片づけ、ふきんの煮沸、掃除機かけ 洗濯物を干して、化粧
9:00	末っ子と遊んだり、散歩に行ったり 買い物
12:00	お昼をつくって、ごはん 同時に晩ごはんの下ごしらえをすることも
13:00	テレビの前でごろごろしながら末っ子の寝かしつけ 夜時間確保のために一緒に寝ることが多い
14:30	昼寝から起床　おやつをあげたり、ぐずぐずの相手をしたり
16:30	吹奏楽をする次男のお迎えがてら、散歩
17:30	晩ごはんの支度
18:00	子どもたち全員が帰ってきて、晩ごはん 洗い物、台所の片づけ
19:30	自分のお風呂、後半末っ子も一緒に
20:00	寝かしつけ 夜の洗濯、翌日晩ごはんの下ごしらえ、翌朝分の米とぎ 自由時間
23:00	就寝

毎日、同じリズムで平穏に暮らしたい。小さい子がいるから予定通りにとはいかないけれど、それも込みで緩やかに。刺激はそれほどいらなくて、日々をゆるりと楽しみたい。そのような人間です。

1日のなかのお楽しみタイムは、なんといっても末っ子の寝かしつけ以降。寝かしつけをしながら、「今日はパンをつくってみよう」「あそこの配置換えしてみよう」と妄想を膨らませます。そしていざ寝てくれたら中断されることなく、ひとりでもくもくと妄想を現実にします。

自由時間のなかには、「今日は何してたかなー」とインスタ友の投稿を見たり、気になるものが売りに出ていないかとお店巡りをする至福のときも含まれます。

末っ子と一緒にお昼寝をしないときには、ちょっとひといき。お茶を淹れて、雑誌などを読みます。雑誌にあるレシピを見ながら、「これやってみようかなあ」と料理にとりかかることも。

家事

家事はいろいろあるけれど中心にあるのはやっぱり料理

私が一番、暮らしのなかで大事に考えているのは食事です。自分のつくった料理を家族がおいしいと言って食べる、その笑顔を見たい。このことが、家事全般で考えても一番モチベーションの上がること。

振り返れば、祖父は「おいしいものを食べて生きたい」という気持ちの強い人でした。その影響か、母も食べることが好き。母とふたりで「食べる旅行」によく出かけたものでした。私もまたしかりで、「食べたいものを食べたい」欲が強いのです。

おいしいレストランに行くのもいいけれど、人数が多くて末っ子の小さい今は、家で気楽に思う存分食べたいなあと思います。私は要領がよくなくて、時間もかかりがちだけれど、つくっているときに楽しいな、好きだな、と思えます。

逆に好きじゃないのは、洗濯物干し。人数が多いから、干すのに時間がかかってしまって「は〜」。それから裁縫。できるようになりたくて何度もトライしていますが、最後まで仕上げられたためしがありません。

インスタで見て刺し子を始めてみても、その時間に料理をしたいという気持ちになってしまいます。

何にせよ、自分が楽しいこと、いいなと思う方向で暮らしたい。それは子どもに、「大人になるっていいものだよ」と伝えることになると感じています。

家事のQ&A

Q **かごの手入れはどうしていますか？以前、虫がわいてしまいました。**

A 天然素材のものなので、湿気が多い場所では難しいですよね。うちも湿気が多いので、服などを入れているかごはたまに干します。水切りかごなど水に濡れるものは、使ったらすぐに拭いて干すようにしています。

Q **野菜くずの使い方を教えてください。**

A 子どもがよく食べるようになり調理量が増えたら、廃棄分も増えたので気持ちだけでも利用しようと思いました。大根の皮をちょっと干してつけものにしたり、白菜やキャベツの芯、玉ねぎの皮でスープストックをつくったりします。キャベツの外葉は刻んでメンチカツに入れて。白菜のしなしなになった葉は刻んで、ドレッシングに混ぜて豚しゃぶにかけたら家族から好評でした。『おいしく食べきる料理術』（暮しの手帖社）を読んで参考にしています。

Q **揚げ物調理のあと、油はどうしていますか。**

A 「酒たんぽ」に入れて、2回使ったら処分しています。酒たんぽはもともとお燗をつけるための道具ですが、かわいらしくて、お酒を飲まないのに買ってしまいました。なるべく油をあまらせないように、小鍋で揚げ物をしています。

Q 子どもの好き嫌いにどう対応していますか。献立を考えるのは大変ではないですか？

A 男子は野菜が嫌いで揚げ物大好き、娘は脂っこいものが嫌いでパスタやうどんを食べません。全員に全品を合わせるのは難しいので、一品ずつそれぞれの好みのものを入れるようにしています。

献立を考えるのは大変。揚げ物は総菜を買ってくることもあるし、冷凍食品も使います。どこかで手抜きをして、無理がかからないようにしています。

Q 包丁は自分で研いでいますか？

A 簡単に研げるシャープナーで、自分で時々研いでいます。でもいつか、高橋鍛冶屋さんにお願いしてみたい。

育児

できることなら、いいお母さんでありたい

母の読んだ名づけの本に、「加奈子という名をつけると、将来いいお母さんになる」というような意味のことが書かれていたそうです。その名をもらい、由来を聞いた子どものときからずっと、自分はいいお母さんになるんだと、自然と受け止めていました。

9年ぶりに4番目の末っ子が生まれたときも、人生のなかで育児期間が大きく延びたことをうれしく思いました。

上3人はほぼ年子で、嵐のような幼年育児時代。必死過ぎて、ほとんど記憶にありません。一方で4人目はというと、上3人と一緒にみんなで見ることができるのでとてもラク。大勢からかわいがられて、末っ子はすっかり殿様です。

長男長女はもう中学生。ずいぶん大きくなったけれど、まだまだお母さんに話したいことがたくさんあるようです。末っ子の寝た後は、夜更かしおしゃべりタイム。次男は昔から、スイッとひとりで寝る子です。よくお手伝いしてくれるのは次男。うどんをつくるのも得意です。

よく、「母親は家庭の太陽」と言われますけれど、人間だものいつも機嫌よくいられるわけではありません。むっつりしていると、子どもから「今日は何があった?」「ちゃんと理由を言って」と言われてしまう。そんなことでも、子どもたちの成長を感じます。

育児のQ&A

Q
幼児が手の届くところのものをいじってしまいます。どうしていますか？

A
手の届く場所には、触ってもいいもの、もしくはどうなってもあきらめのつくもの（笑）を置いています。引き出されて散らかされて、時間があれば戻しますが、時間のないときはそのまま。あとで片づければいいや、という感じです。

Q
子どもがまったく言うことを聞いてくれません。そんなときはどうしていますか？

A
聞いてくれないなら、私も聞いてあげません。ごはんも洗濯も自分でやりなさい、と。小さいときから叱るときは本気だったので、ダメなものはダメとあきらめているようです。

Q
キーッとなってしまうことはありますか？。

A
たくさんあります。部屋に置きっぱなしのペットボトル、バッグに入れたままの制服、脱ぎっぱなしのパジャマ……しょっちゅうです（笑）。

Q
子どもの片づけ、どうやって指導していますか？工夫していることは。

A
箱やかごをあげて、入れるだけですむようにしています。自分の使ったものを洗濯機に入れる、学校の準備は自分でする、など最低限のことだけはしてもらっています。

Q
結婚前から
たくさん子どもを
持とうと考えていましたか？

A
考えていませんでした。子育てをしてみたら、子どもを育てることが好きだと自覚しました。子どもたち全員、かわいいです。

Q
ドリルの丸つけや
プリント確認がふたりでも大変です。
どうしていましたか？

A
丸つけは子どもが自分でしています。聞かれたときだけ答えるようにしていました。プリントはまとめてクリップボードに挟み、夜に見ます。終わったものからプリントボックスにいったん入れて、間違って必要書類を捨てないようにしています。

Q
思春期のお子さんに
気をつけていることはありますか。

A
まだ思春期という感じがなく、よくおしゃべりしています。部屋に入るときはノックをし、子ども扱いせず対等の立場で話をするように心がけています。

楽しみ

インスタグラムのこと

インスタグラムを始めたきっかけは、友人です。6年ほど前、うちに遊びに来た際に「持ち物をインスタに投稿してみたら？」と勧めてくれました。じゃあやってみようかなと、道具や飾ってある花なんかをアップしたのが始まりです。

そのうち「家のなかのほかの場所も見たい」とコメントをいただき、あちらこちら撮って載せているうちに徐々に見てくれる方が増えました。リビングの風景や引き出しを載せてから急激に増え、古道具が好きな方や、同じような雰囲気で台所をつくっている方とつながるように。

こちらからフォローするときは、実生活で友だちをつくるときと同じような感覚です。どんな方なのか、気が合いそうか、投稿を読んだりして、フォローさせていただくことが多いです。

仲よくしてくださる方々は、みなさんおもしろい人ばかり。末っ子がもう少し大きくなって、気軽に移動できる世の中になって、実際に会えたらいいなと夢見ています。

投稿は、以前は毎日していましたが、義務にすると苦しくなってしまうので今は数日に1回といったところ。無理せず、楽しみのひとつとして続けていきたいと思っています。

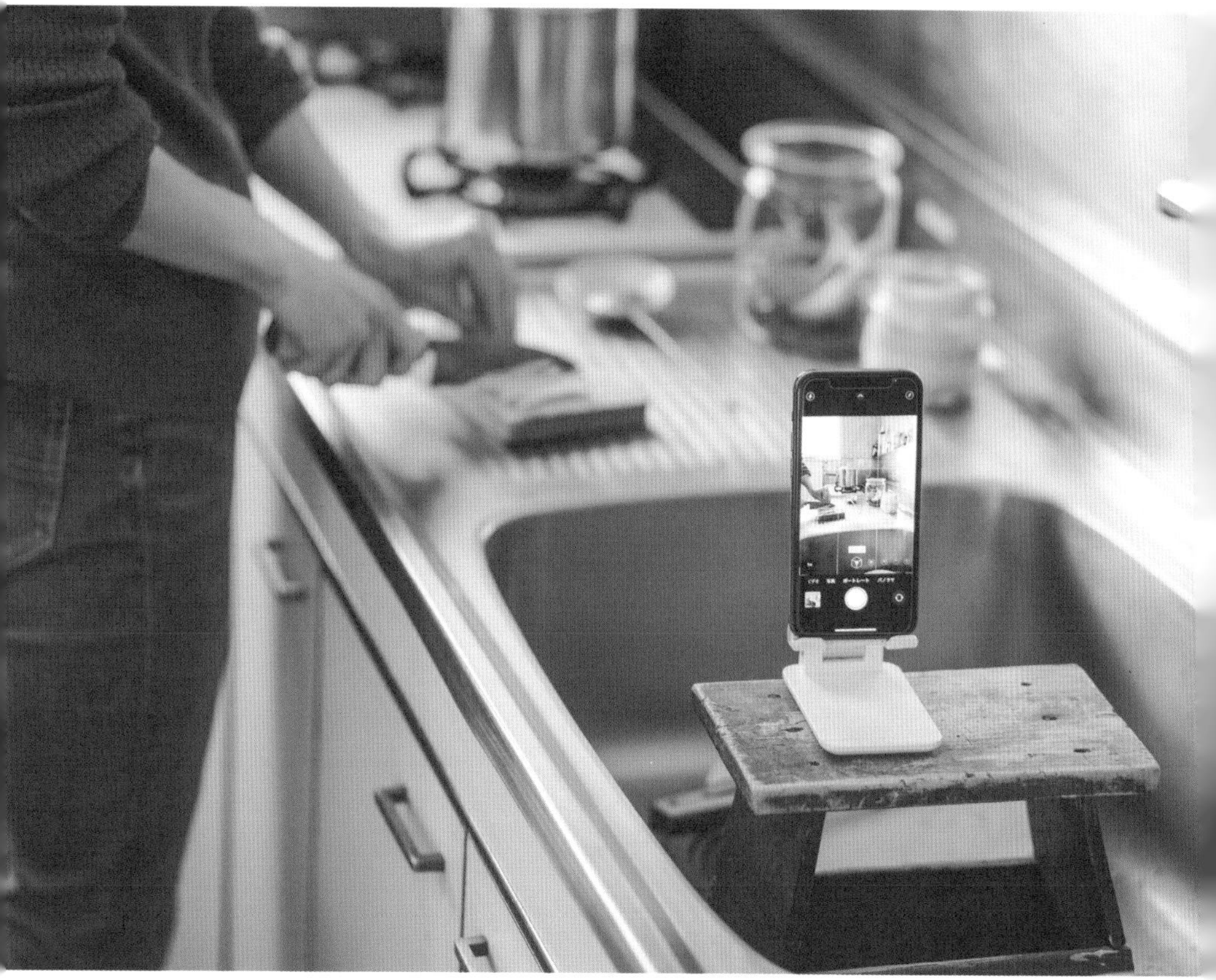

調理中のシーンを撮るときは、シンクに踏み台を置いてその上にスマホを固定。インスタグラムにアップしたらデータは残しません。子どもの写真を撮ることも多く、残しておくといっぱいになってしまうので。

インスタグラムをきっかけに写真に興味を持ち、一眼レフ（NIKON D5600）を購入しました。インスタに載せるわけではなく、あくまでも趣味。ストーリーに載せることはありません。

a

b

c

d

e

f

a今日はセロリパーティ。ひとり台所でつまみ食い止まりません。西陽がきれな日でした。bしなしなの白菜は豚しゃぶのタレに。c豚しゃぶのでき上がり。豚しゃぶは簡単で量もつくれるのでわがやに最適。d紅大根。eグリーンカリーづくり。f今日のメニューはエビマヨと焼きじゃがとキムチ汁。ごはんたちは写真を撮る間もなく運ばれていきました。漬け物石はweckのもの。gレモンシロップ。h本日はこちんまりと。洗い物終わりのホッとする時間。i夜は早く寝るのが好きだったけど、最近寝るのがもったいない。夜の台所ってワクワクします。jラグを冬仕様に。片づけ&掃除の間ご機嫌に遊んでいました。kお気に入りの場所。

ファッション

背筋がシャンとする装いを心がけて

若いときから、動きやすいナチュラルテイストな服を着ていました。運動が好きで、子どもを産んでからもママさんバレーに参加したり。体に合っていて窮屈なことがなく、よく伸びて動きやすいということは、選ぶ服の前提にある気がします。

気をつけているのは、〝シャンとしたお母さん〟でいること。いっときゆったりした服を着ていたのですが、甘えが出るのか、体がたるんでしまいました。息子から「なんか最近……」と言われるのは、とても悔

トップス

体にフィットして、着丈がほどよい。デコルテをきれいに見せられるところも好きです。左からイエナ、ナノ・ユニバース

ボトムス

股下が深く動きやすいデニムはリピ買い。体に合うものを見つけると色違いで買うことも。ZOZOTOWNのマルチサイズで体形に合うものを選びました。左からスロープ イエナ、ミスティック

スニーカー

リーボックのポンプシュプリームフレックスウィーブ。靴紐がなく、ポンプで空気を入れて足にフィットさせるスニーカーです。息子が持っていたのを履いてみたらとても心地よく、ラクで、自分も買っておそろいにしました。

しい。子どもたちからは、「自慢できるお母さんであってほしい」という願いをひしひしと感じています。

そのご期待に（なるべく）こたえるべく！　華美ではなくても品よく、体にフィットして姿勢をシャンとさせてくれるような装いを意識しています。

アクセサリーはほとんどつけませんが、以前自分にプレゼントしたＦＥＮＤＩの腕時計をアクセントに。腕時計、靴、財布に関してはいいものを身に着けることで、大人のおしゃれを楽しめたら。

また、〝シャンとしたお母さん〟のほかにめざすのは、どんな相手でも変わらずふだんの自分で接することのできる人。そのためにも、いつも自分なりのちゃんとした格好をしていたいと思います。

楽しみ

スキンケアが好きです

スキンケアに目がありません。服装でのおしゃれより、肌のコンディションをよくすることに興味を持っています。

というのも、若いころは陸上競技などでずっと屋外。ずいぶん肌へ負担をかけてきました。このままでは大変なことになる、と危機を感じていたときに、友人がスキンケアを教えてくれました。

その友人は私にインスタグラムを勧めてくれた人。フェイシャルトリートメントの資格を持ち、自宅でお客さんに施術をしています。その友人が実際に施術をしながら知識を伝授してくれたおかげで、私の肌もずいぶんくすみが取れて、明るくなりました。

そしてこの友人がまた、「フェイシャルトリートメントの資格を取ってみたら？」と背中を押してくれたのです。

自分の肌が改善してうれしかったように、ほかの方にも肌を整えることで少しでもプラスの気持ちを抱いてほしい。加えて、子どもたちから「お母さんは何をする人なの？」と聞かれたときに、手に職を持っていたいという思いもありました。

無事に資格がとれたなら、将来的にはこの家にお客様を招いて仕事をしたいと思っています。

左から、アルソアのメイクも落とせる固形石鹸「アルソア クイーンシルバー」。クレンジングは一番大切。よく泡立てて、丁寧に洗っています。残り3つはノエビアで、白いチューブが「エクストラ 薬用クレンジングフォーム」。朝の洗顔に使っています。緑が「薬用エンリッチスキンコンディショナー」。洗顔後パフで軽くパッティングします。右端は子どもの日焼け止め「レイセラ ミルキーベビーUV」。私の肌にはとてもよく合い、ノエビアにしてから中途半端に余らせるということがなくなりました。

スキンケアとメイクは、台所の隣にある洗面所で。パタパタ棚に化粧品のストック、台の上のオーバルボックス（井藤昌志）にメイク道具を収納しています。

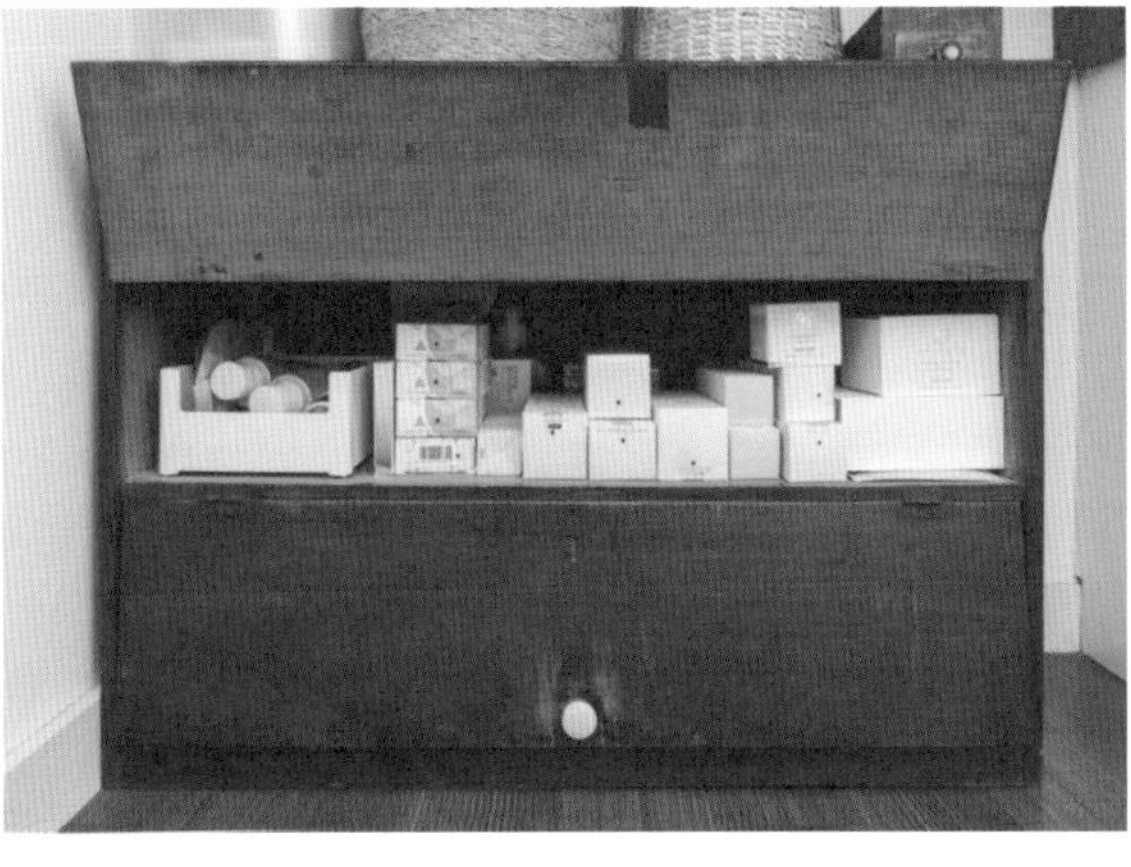

もの選び

あきらめず根気よく。ものを買うとき選ぶとき

どこに住んでいてもインターネットで日本中から買い物ができる、便利な時代です。そのなかで、私のものの買い方は大きく2パターン。ひとつは頭の中に「こういうのがほしい」というイメージがしっかりあって、それに当てはまるものを探して買うケース。

もうひとつは、ほかのものを探しているときや何気なくインスタを開いたときに、思わぬすてきなものが目に飛び込んできて。この場合、以前はよく考えずに飛びついて失敗もしていました。想像とサイズが違っていたり、用途に合わなかったり。今はよく画像情報を見て、置く予定の場所のサイズを測って、慎重に買うようにしています。

問題は、前者の「イメージしているものを見つけたい」パターン。検索をしたところでパッと出るものではありません。検索ワードにしても、カタカナ、ひらがな、ローマ字でそれぞれ結果が変わります。グーグルで広く探すのか、楽天やＢＡＳＥで個別に攻めるのか。ビンテージのものはなおさら簡単には見つからず、獲得には根気が必要です。

ふだんからアンテナを張っておくために、「買いたいものがある」「入荷お知らせがほしいものがある」店のインスタはフォローしています。そこまでのものはまだ見つかってないけど好きなお店は、パソコンのお気に入りに入れて時々チェック。

人それぞれやり方はあるでしょうが、これが私に合った方法のようです。

フォローしているお店

RHINES
https://www.on-rhines.com
猪熊家具製作所さんのテーブルランプが素敵すぎてほしくて仕方ないです。

kiguu
https://kiguu.net
カッティングボード、鍋敷きを購入。桝がずっと欲しくて眺めています。

D&DEPARTMENT
https://www.d-department.com

ツクリテ
https://www.tsukurite.info

TRAM
https://tram2002.com
ガラス鍋、ヴィンテージラグ(※本書未掲載)を購入。

atelier mémé
http://atelier-meme.net
フラワーベース(ツールスタンドとして使用)、カラフェ(片口)を購入。

ハモニ
https://harmony-fld.com
端田敏也さんの器、竹の水切りかごはこちらで。木彫りの木花実スプーンが以前から気になっています。

ju-gu
https://jugu.thebase.in
ダイニングテーブル(オーダー)、台所の作業台の間の棚(オーダー)。

mikke
https://mikke-kurashi.com
紅茶、ブラシホルダー、かごなどを購入。

暮らしの店 黄魚
http://www.kio55.com
机上工芸舎さんのトングを購入。

ろばの家
http://robanoie.com
びわこふきん、村上雄一さんの器を購入。

よくチェックするお店

THE STABLES
https://www.thestables.jp
郡司製陶所さんのごはん茶碗を購入。

STORAGE MERCANTILE
http://www.storage-mercantile.com
ホーローの片手鍋を購入。

Analogue Life
https://analoguelife.com
富貴堂のコーヒーサーバーを購入。ギャルリ百草さんの座布団はずっと気になっています。

poooL
https://poool.jp
八木橋昇さんの花器を購入。

RECTOHALL
https://rectohall.com
フランスのアンティークランプを購入。

引っ越しました。またいずれ戻るけれども

リビング

ソファはダイニングに置き、リビングは広々と。以前より天井が高いので、少し大きめの北欧ビンテージのライト（haluta）を吊るしました。靴箱にしていた古道具の棚（biji）を使いたくて、必死に洗って茶器などを入れて。

夫の転勤にともない、車で40分ほどの街に引っ越すことになりました。アパート暮らしの経験はあれど、マンションは生まれて初めてでわくわく。4LDKの賃貸で、広さが以前の一部屋半ほど狭くなります。幸い、いずれ元の家に戻ることができるので、持ち物の5分の1は置いてきました。

引っ越しは、好きです。「この空間をどうつくりますか？　さあどうぞ！」と言われているようで、イチから妄想を膨らませ、つくりあげていく喜びがあります。

引っ越し前にまず考えたのは、階下への防音をしておこうということ。リビング、ダイニング、キッチンにパーケット柄のクッションフロアを敷き詰めました。また、食卓のいす片側をソファ（クラッシュゲート）にしたので、引きずったときの音対策でラグを敷きました。

あとは、トイレと脱衣所の床が白くてゴミが目立つので、木目調の床用シートを貼ろうと考えています。

ダイニング

和室に末っ子が寝るので、和室とテレビを置くリビングは離したい。ということで、キッチンカウンター側をリビング、キッチンの対角をダイニングスペースにしました。直線で給仕ができて意外と便利です。カウンターがない分、6人座ってもゆとりがあります。

台所

コンパクトになり、陽のささない台所。そして初めてのL字型と3口コンロ。ランプをともして作業してみたり、作業台がない分カウンターを活用してみたり、これまでと違う環境での炊事を楽しんでいます。

以前引き出しの中で使っていたしきりを、こちらでも。以前は調理台にあったトングなども収まりました。

扉は外すよ

台所の備えつけ収納は、扉が総じてピンクでした。好みとは少しずれることもあり、前の家と同じように吊戸棚の扉をすべて外し、オープン収納に。調理台下の収納扉にはベージュの壁紙シートを貼って、持ってきた古家具の棚もなじむ台所をめざしました。

そしてリビング横の和室にある押し入れも扉は外して。ここをパントリーとし、かごや箱、瓶などを置いています。今後、来客のあるときには目隠しができるよう、布を購入しようと考えています。窓のカーテンは無地のベージュだからモロッカン柄なんてどうだろう、それとも……妄想ばかりが広がります。イメージ通りのものを見つけるのは、大変。

食器棚

シンクの横で使っていた古道具の棚を、食器棚にしています。グラス類など家族がよく取るものは上の段。

押入れ

本を入れていた木箱を利用して、左上のスペースに缶詰やルーなど。右側の箱には消耗品や電池など。下段のかごには資料類。余白は残しつつ奥行きを生かすのが難しい。外した扉は天袋やベッドの下に入れました。

地道にがんばります。

せっかく違う家だもの。めざせ北欧テイスト

せっかく違う家に引っ越したので、イメージを少し変えたい。これまで和風な家に、和のものを合わせてきました。今度は洋風なマンションなので、北欧イメージを強くしてみたい。もとから持っている和のものにも、北欧はよくなじみます。

当初、ダイニングのラグをビビッドな赤にしてみようかと妄想していました。でもよく考えてみると、寝室に青いラグがあります。うーん、色が散る……と思いなおして、落ち着いたベージュの色味に。

これから少しずつ新しい暮らしに慣れながら、コツコツと家のなかをつくっていきたいと思っています。

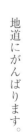

おわりに

古道具にこだわり始めたころ、家族からは「なんでまたそんな古いものをわざわざ買うの」とブーブー言われていました。けれど、見れば彼らも便利そうに使っていて、違和感なく、家に、家族になじんでいるのです。

古道具のよさは、時が経ったからこそ得られる味わいの深さにあります。でもどうやら、それだけではないような気がします。高さ、幅など、絶妙に使いやすい。考えてみれば、使いにくければ残らないのだと思います。残される価値のあるものを、私は（きっと）集めたのです。

以前は和な家でしたが、引っ越しをしたことで少しずつの変化を楽しみたいという思いもあり、北欧ビンテージ以外にも、今は「マンションといえば植物」というイメージがあるのであれこれと調べています。観葉植物をすてきに置きたいけれど、末っ子にいじられそうだからまずはベランダでハーブやプチトマトでも育てたい。

ほかにもあれこれ、暮らしにまつわるもののアンテナをいつも張っていて、本を読んだり、インスタグラムを見たり。自分に取り入れられるものがないかと、常に探している気がします。

今、いつかほしいなと思っているのは、アアルトのビンテージのいす、置き型のランプ、テレビ台。すぐに日本の古道具に目が吸い寄せられてしまいますが、家に合うように北欧のものを探すのも楽しい時間です。つい、自分の好みに固執してしまいがちだから、「この家にはこっちがいい」「違う視点で見てみよう」と柔軟に考えようと意識している今日この頃。今後もちょこちょことインスタグラムに投稿していきますが、家がどう変わっていくかは、自分にもわかりません。完成形をめざすというより、変化していくことを楽しみたい。風景を変えることで、部屋に新鮮さを感じていたい。

新しいものを導入するだけではなく、つぼの用途を変えてみたり、各部屋のライトを交換してみたりと、持っているものだけでできる変化も定期的にしていくのだと思います。

いつか戻る予定の愛着あるこの家で、本がつくれたことを本当にうれしく思っています。普通の主婦の、暮らしの楽しみを覗いてくださって、見つけてくださって、本当にありがとうございました。これからも、すてきなものにあふれた世界で、わくわくを見つけていきたいと思っています。

読んでくださった方々にも、暮らしの気分をよくしてくれるような、いいものとの出会いがありますように。

私を動かす暮らしの道具

2021年7月1日 初版第1刷発行
2021年10月21日 初版第4刷発行

著者 経塚加奈子
発行人 山口康夫
発行 株式会社エムディエヌコーポレーション
〒101-0051
東京都千代田区神田神保町一丁目105番地
https://books.MdN.co.jp/
発売 株式会社インプレス
〒101-0051
東京都千代田区神田神保町一丁目105番地
印刷・製本 シナノ書籍印刷株式会社

制作スタッフ
デザイン 中村 妙（文京図案室）
撮影 土屋哲朗、経塚加奈子（P.130〜131、138〜141）
文 矢島 史
編集長 山口康夫
企画編集 見上 愛

定価はカバーに表示してあります。

【カスタマーセンター】
造本には万全を期しておりますが、万一、落丁・乱丁などがございましたら、送料小社負担にてお取り替えいたします。お手数ですが、カスタマーセンターまでご返送ください。

落丁・乱丁本などのご返送先
〒101-0051
東京都千代田区神田神保町一丁目105番地
株式会社エムディエヌコーポレーション
カスタマーセンター
TEL 03-4334-2915

内容に関するお問い合わせ先
info@MdN.co.jp

書店・販売店のご注文受付
株式会社インプレス 受注センター
TEL 048-449-8040
FAX 048-449-8041

ISBN 978-4-295-20150-2 C0077